# 超简单的狗狗手作衣服

[日] 武田斗环◆著　何凝一◆译



河北科学技术出版社

# 欢迎来到手工狗狗服的世界！

本书与我之前所写的书不一样。
之前我出版的书都是让读者先从中选择喜欢的作品，
再慢慢享受手工制作的乐趣。
但这本书会从技术和知识两方面教大家做出完美的手工狗狗服，
旨在让每个人都觉得自己“真的能做出来”！
只要从头开始按照步骤制作，
自然能够呈现出漂亮的作品。

另外，还加入了两件直线缝的入门小物，
将常见的无袖背心、T 恤、插肩式 T 恤分成
基本款、中级、高级进行讲解。

首先制作一块仅用直线缝就能完成的地垫，
然后是用针织布料制作的围脖，也是仅用直线缝就可以完成。
通过制作基本的无袖背心，学会确认衣服形状、挑选易缝布料。
在制作无袖背心的中级教程中，
还会学习布标等辅材的选择方法，
使作品更具平衡感……
按照书中的步骤勤加练习，
最终确立自己的原创风格，
制作出个性、漂亮的衣服。

充分运用本书介绍的技巧，迈向崭新的舞台吧！

武田斗环

Let's start
making dog wear!

日本宠物服手工制作协会 代表理事

**武田斗环**

出生于大阪，大学毕业于新西兰维多利亚大学。在宠物用品生产公司担任一段时间的服装设计后，与朋友一起创立了狗狗服饰品牌。2009 年，售卖狗狗衣服图纸的商店 milla milla 正式开业，专门研究开发独自一人也能完成的狗狗衣服图纸和制作方法。另外，在 milla milla 图纸的帮助下，诞生了 100 多个品牌。2014 年成立日本宠物服手工制作协会，致力于培养专业的讲师。著有《可以独立完成的狗狗衣服》《简单的手工制作！狗狗衣服和便利小物（修订版）》等。

HP: https://millamilla.net/

**日文原版书工作人员**

**书面设计：**真柄花穗

**摄影：**蜂巢文香

**步骤摄影：**本间伸彦

**插图：**Sodeyama Kahoko

**影印：**松尾容巳子

**编辑：**大野雅代

**执行：**打木步

CONTENTS

欢迎来到手工狗狗服的世界！……p2

A　无袖背心……p6

B　T恤……p9

C　插肩式T恤……p12

基础课程1　地垫……p14（制作方法p32）
基础课程2　围脖……p14（制作方法p34）

## PART 1　狗狗服的基本制作方法

基本工具……p16
原创设计中可使用的方便材料……p17
适合用于制作狗狗衣服的布料……p19
关于设备……p20
尺寸的测量方法和图纸尺寸的选择方法……p22
调整狗狗服尺寸的方法……p24
确定要做的款式后……p29
缝纫的基本用语……p30

## PART 2　一起来制作狗狗的衣服吧！

基础课程1　地垫……p32
基础课程2　围脖……p34

**A 无袖背心 基本款**……p36
制作方法……p37
来挑战改良款式吧！……p41

**A 无袖背心 中级**……p42
改良款式1　拼接方巾……p43

改良款式 2　转印文字、拼接水洗唛……p44
改良款式 3　拼接蕾丝……p45
模特狗狗所用的图纸、调整要点和裁剪方法图……p46

A 无袖背心 高级……p47
改良款式 4　加入拼布……p48
改良款式 5　在领口、袖窿、下摆处加入蕾丝荷叶边……p49
模特狗狗所用的图纸、调整要点和裁剪方法图……p50

B T恤 基本款……p51
制作方法……p52
来挑战改良款式吧！……p56

B T恤 中级……p57
改良款式 1　拼接水洗唛和嵌花图案……p58
改良款式 2　拼接绒球……p58
改良款式 3　绗缝……p59
模特狗狗所用的图纸、调整要点和裁剪方法图……p60

B T恤 高级……p61
改良款式 5　拼接荷叶边……p62
改良款式 6　拼接兜帽……p64
模特狗狗所用的图纸、调整要点和裁剪方法图……p65

C 插肩式T恤 基本款……p66
制作方法……p67
来挑战改良款式吧！……p71

C 插肩式T恤 中级……p72
改良款式 1　加入嵌花图案和铆钉……p73
改良款式 2　装饰铆钉……p73
改良款式 3　加入绲边……p74

C 插肩式T恤 高级……p75
改良款式 4　用防水布料制作雨衣……p76
改良款式 5　后领肩处拼布……p77
改良款式 6　使用蕾丝布料与荷叶边……p78
模特狗狗所用的图纸、调整要点和裁剪方法图……p79

# TANK TOP

A　无袖背心

## 变换前后的布料材质，进行款式改良

即便是简单的无袖背心，
只要变换前后的布料材质，感觉就会随之改变。
背面用灯芯绒，前面用针织布料，
营造出类似于马甲的叠穿感。

制作方法 » p37、p44

# 加入荷叶边，可爱满分

雌性犬的无袖背心加上荷叶边，马上让人眼前一亮！
提前做好荷叶边，然后缝到无袖背心上。
还可以适当加上丝带、缎带、人工水钻等元素，
效果更佳。

制作方法 » p37、p45

# 领口的方巾无比帅气！

腊肠犬非常适合方巾，
这一身采用于条纹与方格的搭配。
方巾可以选用水手服配色，或是制作成斗篷，
样式多变。
除了装饰上纽扣以外，
布贴和刺绣图案也很适用。

制作方法 » p37、p43

# 随意点缀的布贴和水洗唛

大型犬可以选用粗条纹元素的布料，穿上像橄榄球衬衫。
可以用多个布贴和水洗唛随意点缀。
字母布贴是毛毡叠加的手工作品。
小型犬建议选用细条纹元素的布料。

制作方法 » p52、p58

## T-SHIRT

### B T恤

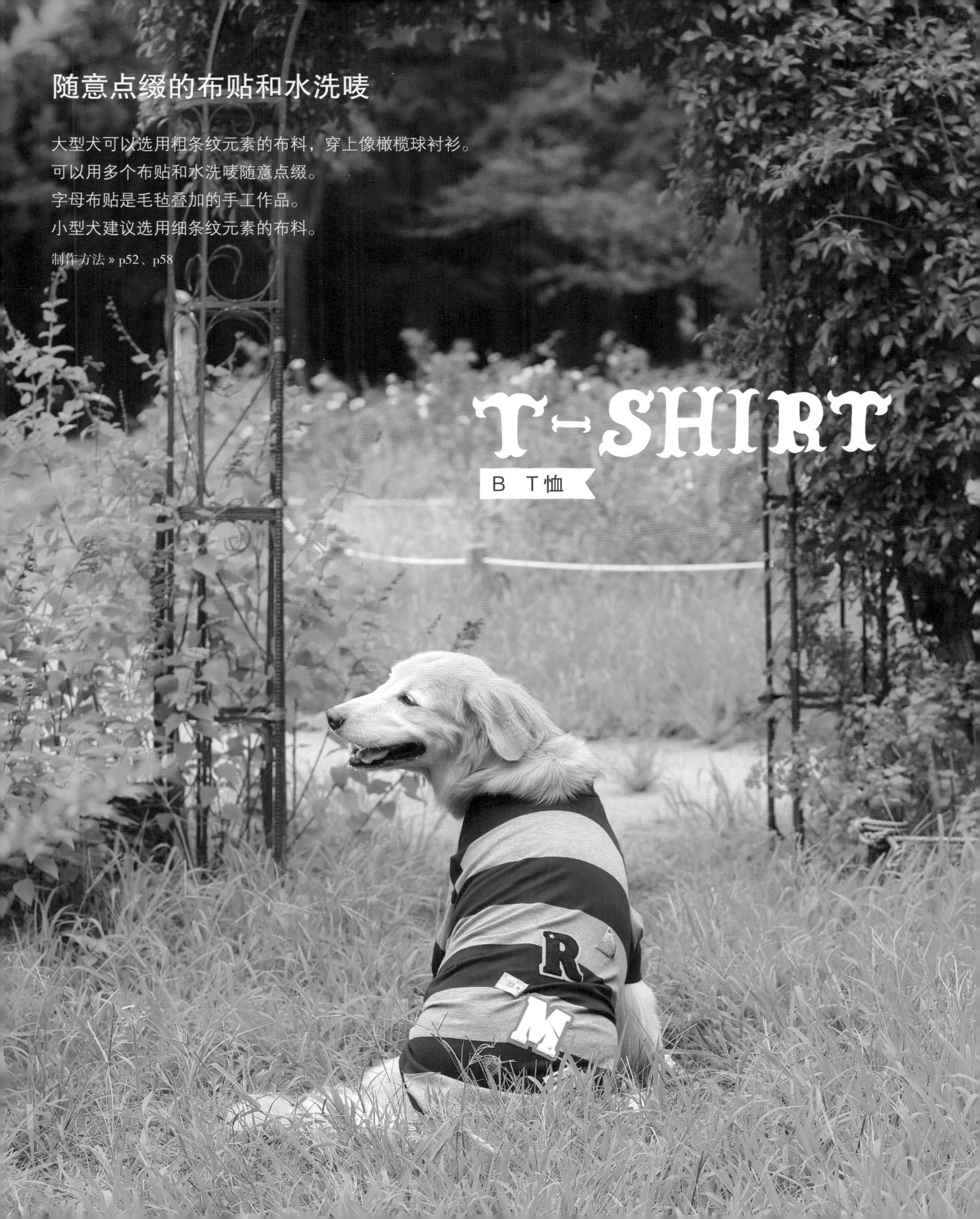

# 用彩色的弹性布料制作拼接袖

衣身与袖子采用不同布料组合会很有趣。
袖子采用具有弹性的方格布料制作，
也可以换成厚实的长绒棉袖子，
或是夏天用的蕾丝布料袖子。

制作方法 » p52

# 寒冷时用长绒棉保暖

秋冬时，推荐用绗缝布料制作衣身。
长绒棉袖子暖意融融。
背部可以随意缝上几个绒球，增加一些变化。
除绒球之外，用水钻或刺绣图案也很可爱。

制作方法 » p52、p58

# RAGLAN

## C 插肩式T恤

### 加入嵌花图案和铆钉元素

背部的嵌花图案是亮点。
将布料和毛毡剪成自己喜欢的形状，
缝好后就是一件原创的个性T恤。
直线设计对初学者来说非常简单。

制作方法 » p67、p73

# 用绲边突出细节

在袖口和袖窿处缝上花边，
颜色与布料相互映衬。
如果想增添一些运动感，可以加入荧光亮粉色绲边或缎带，
如果想柔美一些，
推荐选用荷叶边和弹性蕾丝。
绲边的运用会让作品更加丰富。

制作方法 » p67、p74

基础课程 1

## 地垫

选择图案有特色的布料制作而成的地垫，
反面是羊毛质地，
可以当毛毯两面使用。
如果正面选用防水或经过覆膜处理的布料，
反面选用具有防滑功能的布料，
即便弄脏了，轻轻一擦也就干净了。
夏天绝对少不了一块用纱布和其他凉爽的布料制作的地垫！

制作方法 » p32

基础课程 2

## 围脖

正面是提花布料，反面是长绒棉，温暖舒服。
再缝上水洗唛点缀。
夏天可以把正面换成凉爽的布料，反面用网格纱，
夹层中塞入冰袋，不失为降暑的好方法哦！
宽度和长度可根据狗狗的颈围制作。

制作方法 » p34

# 狗狗服的基本制作方法

准备材料、绘制图样，
详细讲解制作狗狗服之前需要掌握的基础知识。
尤其是将衣服调整成适合自家狗狗尺寸的方法，
一定要看！

# BASIC TOOLS

## 基本工具

1. 肯特纸・牛皮纸……用于绘制图纸。
2. 针织布料专用缝纫线……羊毛线（底线用）。
3. 隐形胶带……磨砂表面，可以用铅笔在上面写字。
4. 透明胶……绘制图纸时用于固定纸张。
5. 绷针……防止布料歪斜、暂时固定时使用。
6. 缝衣针……根据布料的厚度和种类选择。
7. 毛线用缝纫针……方便处理锁边时形成的空环（最后空缝的针脚）。
8. 针织用缝纫针……根据布料的厚度，分为 #9、#11、#14 等型号。
9. 重物（2 个以上）……在布料上绘制图样时，用于固定图纸。
10. 熨烫用尺板……翻折布料时使用，可以让布料更平整。
11. 方格尺……长 50cm 左右，便于绘制曲线。
12. 皮尺……方便测量尺寸。
13. 定位线……防止布料相互错位，粗略缝合固定时使用。
14. 缝纫线……根据布料的厚度和种类选择。
15. 针织布料用车缝线……缝纫机线（面线）。
16. 车缝线……用于针织布料以外的车缝线。
17. 手工用夹子……防止布料错位，暂时固定时使用。
18. 镊子……使用缝纫机操作时，可以用镊子将布料拉平。
19. 拆线刀……拆除针脚时使用。
20. 手工用黏合剂……可用于将布贴之类的辅料暂时固定。
21. 划粉笔……准备两种颜色比较方便。笔状的用起来更顺手。
22. 笔……用于在布料上画出印记。有的印记用水即可擦除，有的熨烫遇热后就会消失，种类多样。
23. 铅笔……用于绘制图样。
24. 压轮……用于在纸样上压出印记。
25. 锥子……整理边角、方便处理细节。
26. 纸用剪刀……裁剪图纸。与布用剪刀区别使用。
27. 剪线剪刀……用于剪断缝纫线，刀口锋利。
28. 裁剪剪刀……用于裁剪布料的剪刀，刀口锋利。

MATERIALS

# 原创设计中可使用的方便材料

在基本设计中加入水洗唛、丝带，就可以制作出更具原创性的作品。
试试活用简单方便的市售辅料吧！

## 各式各样的水洗唛、薄布、铆钉

根据布料和设计，试着加入水洗唛、布贴吧！花一点点心思，增加时尚感！

1. 熨烫粘合式铆钉 2. 水洗唛 3. 熨烫粘合式嵌花图案 4. 熨烫式转印薄布等

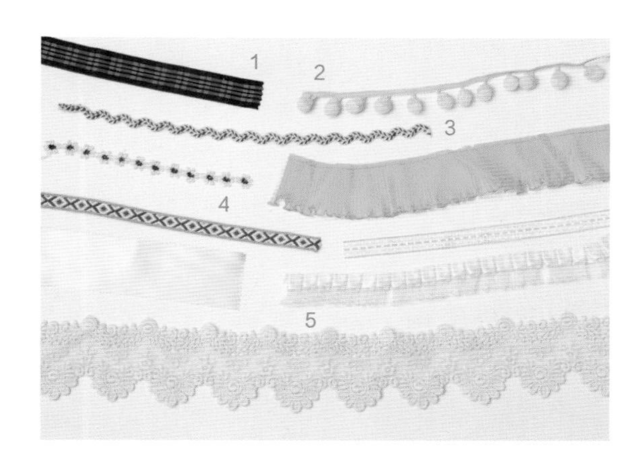


## 丝带、花边、蕾丝

只需在袖口拼接丝带和花边，就能让设计更具原创性。领口、下摆处缝上一些也会让作品更可爱。

1. 方格丝带 2. 带绒球的线绳 3. 波浪（锯齿形）花边 4. 各种丝带 5. 各种蕾丝

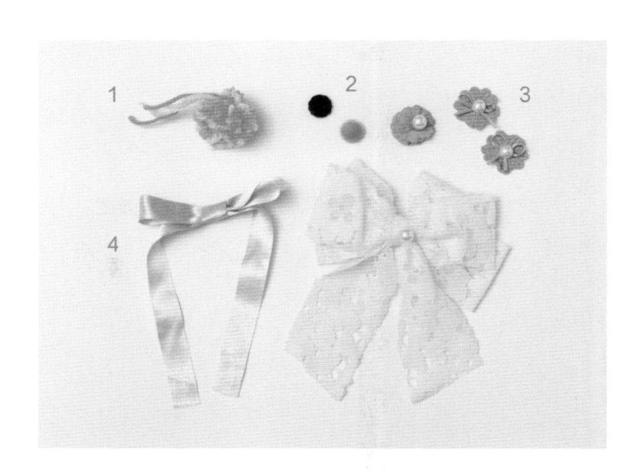


## 花朵配饰和蝴蝶结

非常适合淑女风格的花朵配饰和蝴蝶结。

1. 毛线绒球 2. 包扣 3. 花朵配饰 4. 各种蝴蝶结

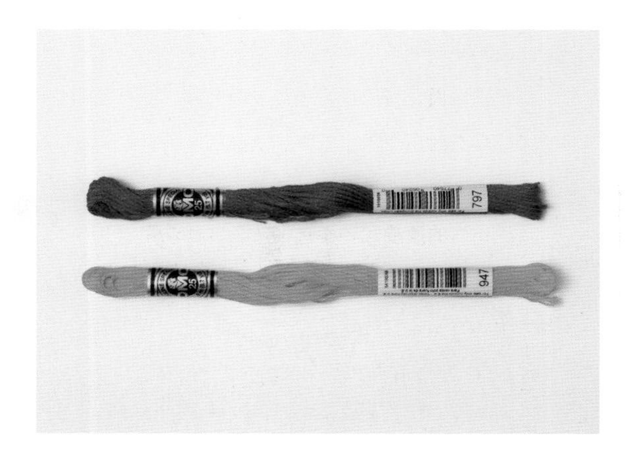


## 刺绣线

拼接嵌花图案时使用刺绣线更方便。擅长刺绣的朋友还可以用刺绣线绣出狗狗的名字。推荐由 6 股线捻合而成的 25 号刺绣线。根据想要刺绣的图案分成 1 股线、2 股线使用。

## 毛毡

用羊毛混合化学纤维压缩而成的毛毡，边缘光滑，最适合用于制作嵌花图案。颜色丰富，可以根据基本布料的颜色选择。用于衣物时，建议选择可洗涤的毛毡。

## 熨烫式转印薄布

用熨斗熨烫后即可粘合的薄布。可以直接在上面印出图案，剪下来使用;也可以转印出图案后使用。包括净色、金属色等多种类型。推荐在暗处会反光的薄布，以及适合冬天的植绒薄布。用薄布剪出狗狗的名字，或是剪出自己喜欢的形状，再转印上图案，都能拓宽设计思路。

## 熨烫粘合使用的方便工具

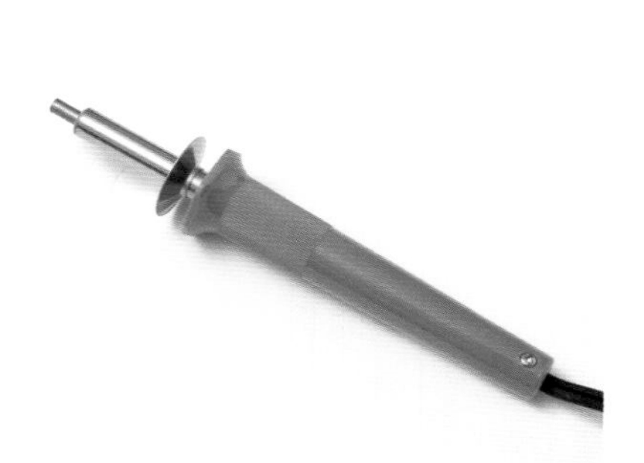

粘贴熨烫粘合式铆钉时，使用热熔笔会更方便。加热后在铆钉上轻压即可。

# 适合用于制作狗狗衣服的布料

狗狗的衣服需要经常穿脱，所以最好选用具有伸缩性的布料。
针织布料是最佳选择，除此以外还推荐以下布料。

### 1. 天竺棉

基本的针织布料，常用于制作T恤。支数表示线的粗细程度，数字越小布料越厚，数字越大布料越薄。

### 2. 罗纹平织布

采用罗纹法织成的布料，主要用于T恤和背心等。具有出色的伸缩性，也可以用来做衣领和袖子的罗纹口。

### 3. 罗纹针织坑条布

采用罗纹法织成带有凹凸坑条的布料。伸缩性出色，最适合制作衣领和袖子的罗纹口。拉伸后能恢复原状，常用于制作运动服。

### 4. 长绒棉布料

让人联想起柔软的毛线，采用毛圈织法，然后将线圈剪断，使绒毛呈直立状。轻盈温暖，建议用来制作衣襟和袖子。

### 5. 反毛针织布

反面像毛巾一样呈线圈状。富有伸缩性、触感柔软，质地较厚的布料也适合制作运动服。

### 6. 具有弹性的布帛

布帛是指棉布，不具有伸缩性，所以不适合制作狗狗的衣服。不过具有弹性的布帛倒是可以挑战一下，制作袖子和后身片。

### 7. 提花布

织入图案的布料。多为北欧风格的图案，给人身着滑雪服的感觉。不易伸缩变形，方便自己在家动手缝制。

### 8. 绗缝布

中间夹有棉花的绗缝布，适合制作御寒用的秋冬季衣物。伸缩性不强，缝起来比较简单。最适合怕冷的狗狗。

### 9. 防水（防雨）布料

经过防水加工的布料，用来制作雨衣和风衣。用缝纫机缝制时会留下小孔，在反面贴上胶带就能达到防水效果。

# 关于设备

为了方便穿着、活动，大多数狗狗的衣服都是用针织布料缝制而成的。
下面我们一起来看看如何用家用缝纫机和锁边机缝制衣服吧！

## 家用缝纫机

具有直线缝和锯齿缝（锁边）两种功能。

**线：上下均使用针织缝纫线**
分为针织缝纫线、尼龙线、羊毛线等

**针：根据布料的厚度选择缝纫针**
薄布料：#9……适用于制作紧身裤和贴身衣物（蕾丝）之类的薄布料
普通布料：#11……适用于制作T恤和运动服之类的布料
中厚布料：#14……适用于羊毛、长绒棉之类的厚布料，或者布料叠加后较厚的部分

正式开始之前先试缝一下！
看看缝纫线的选择与布料是否匹配！

### ● 家用缝纫机的基本缝法

1 直线缝。

2 在直线缝针迹的旁边缝出锯齿形针迹。

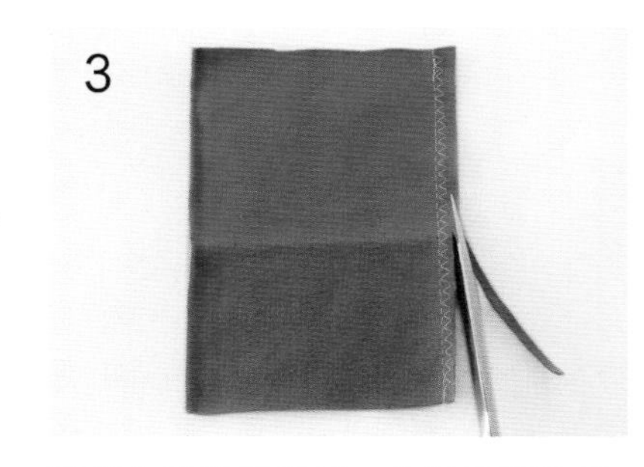

3 将多余的缝份剪掉。此时需要注意，千万别剪到线。

在缝制过程中，如果布料容易伸长变形，
可以换用较光滑的特氟龙压脚试试！

# 锁边机

针织布料的锁边请选用 4 股线、2 根针的锁边机。
如果手上是 3 股线、1 根针的锁边机，则可以结合直线缝进行锁边。

线：4 股短纤纱线

针：根据布料的厚度选择针织缝纫针

刀锋变钝之后，记得
及时更换刀片哦！

## ● 锁边机的基本缝法

1

将布料边缘与机器针板的右端对齐后再开始缝。

2

锁边时，布料边缘距离左边的针大约 0.7cm，不过通常的缝份都是 1cm。因此，缝的时候需要剪掉 0.3cm 左右。

※ 注意绷针不要卷进刀片里。起点处压脚非常靠近内侧，记得取掉绷针，以免卷进去。

3

缝一次即可。

## 要点

缝针织布料时，一定要防止布料伸缩变形，这非常重要。
使用家用缝纫机、锁边机时，缝好后都要确认一下位置。如果遇到伸缩变形的情况，可对照检查是否出现了下面的问题。

◎手的位置。有时候手上用力也会拉拽布料。注意不要压到或是向内侧拉拽布料。
◎缝弧线时，是不是也像缝直线那样拉拽布料了？不要拉拽，沿弧线缝就好。
◎绷针的数量够了吗？是不是受到夹子的影响，布料才会变形？
◎选用的是不是容易伸缩变形的布料？刚开始学习缝纫时最好选择伸缩性不强的布料，熟悉之后再挑战具有伸缩性的布料。

# 尺寸的测量方法和图纸尺寸的选择方法

决定好想要做的款式和所用的布料后，就该选择尺寸了。
必要的时候，需要调整尺寸。

## 狗狗尺寸的测量方法

### 1 狗狗尺寸的测量方法

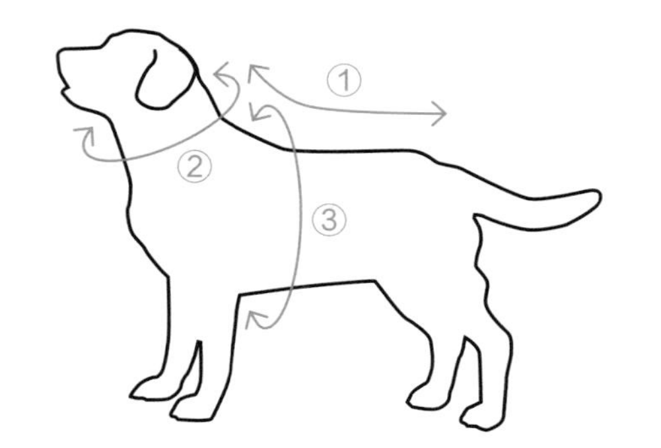


POINT!

- 选择狗狗心情好的时候测量。
- 以立姿进行测量更容易。
- 让狗狗穿上合身的旧衣服，更容易找准颈部的位置。

① **衣长**：颈部底部（戴项圈的位置以下）到任意位置的长度（长度控制在尾巴之前，可按个人喜好决定）
② **颈围**：在颈部底部附近绕一圈的周长
③ **躯干围**：从前肢底部穿过，躯干最粗部分的周长

精确测量出颈围、躯干围，在此数据上加入放宽的部分，选择适合的尺寸。
图纸的尺寸是衣服成品的尺寸。先量出爱犬的尺寸，在选择图纸时以躯干围为基准，找出与爱犬尺寸最接近的值，然后选择偏大一点的尺寸进行制作。

### 2 关于放宽的部分

※ 根据狗狗的毛发量和布料的伸缩性改变放宽的尺寸，可以制作出更舒适的衣服。和人一样，衣服恰好合身反倒不方便活动。选择让狗狗方便活动的布料和尺寸最重要。

※ 精确测量出躯干围、颈围后，加入放宽的部分，使狗狗的活动更自如。

**■用针织布料制作时（无袖背心、T 恤、运动服等）**
- 小型犬的躯干围放宽 2~3cm，颈围放宽 2cm 左右
- 中型犬的躯干围放宽 3~4cm，颈围放宽 2~3cm
- 大型犬的躯干围放宽 5~8cm，颈围放宽 2~5cm

**■用布帛制作时（雨衣、衬衣、马甲等）**
- 小型犬的躯干围放宽 5~8cm，颈围放宽 3~5cm
- 中型犬的躯干围放宽 8~12cm，颈围放宽 4~6cm
- 大型犬的躯干围放宽 10~15cm，颈围放宽 5~10cm

※ 颈围放宽的尺寸较少，是因为狗狗没有肩膀，颈围过大的话衣服会下滑。颈围的尺寸正好也可以。
※ 布帛没有伸缩性，相比于针织布料，放宽的尺寸需要更多一些。

## 不知道如何选择狗狗衣服图纸的尺寸时……

不知道如何选择尺寸时，请参照下面的方法。

### 关于选尺寸的优先顺序

测量完颈部、躯干、身长、体重四项后，就可以开始选择尺寸了。
优先顺序如下：

**躯干围 > 颈围 > 体重 > 衣长**

可按照此顺序进行选择。

## 好，来选择尺寸吧！

在狗狗的实际尺寸上加入放宽的部分，把所得的尺寸填入下表。

| | 实际尺寸 | 放宽部分 | 合计 |
|---|---|---|---|
| 衣长 | | | |
| 躯干围 | | | |
| 颈围 | | | |
| 体重 | | | |
| | | 尺寸 | |

**无袖背心的成品尺寸**

（单位：cm）

| 尺寸 | 衣长 | 躯干围 | 颈围 | 参照体重（kg） |
|---|---|---|---|---|
| 3S | 22 | 31 | 16 | 1.5～2 |
| S | 28 | 40 | 22 | 2～4 |
| M | 34 | 47 | 26 | 4～6 |
| L | 37.5 | 53 | 30 | 6～8 |
| 3L | 51 | 64 | 37 | 8～15 |
| 5L | 72 | 85 | 42.5 | 15～35 |
| DS | 33.5 | 40 | 22 | 3～4 |
| FB-M | 32.5 | 52 | 35 | 4～12 |

# 调整狗狗服尺寸的方法

为了适应大部分的犬类，狗狗的衣服基本上采用比较平均的样式。
但即便是同一品种的狗狗，也会存在个体差异，这也是每只狗狗的特征。
下面我们会向大家介绍一些基本的调整方法，以便找到更接近爱犬的尺寸。

## 调整衣长

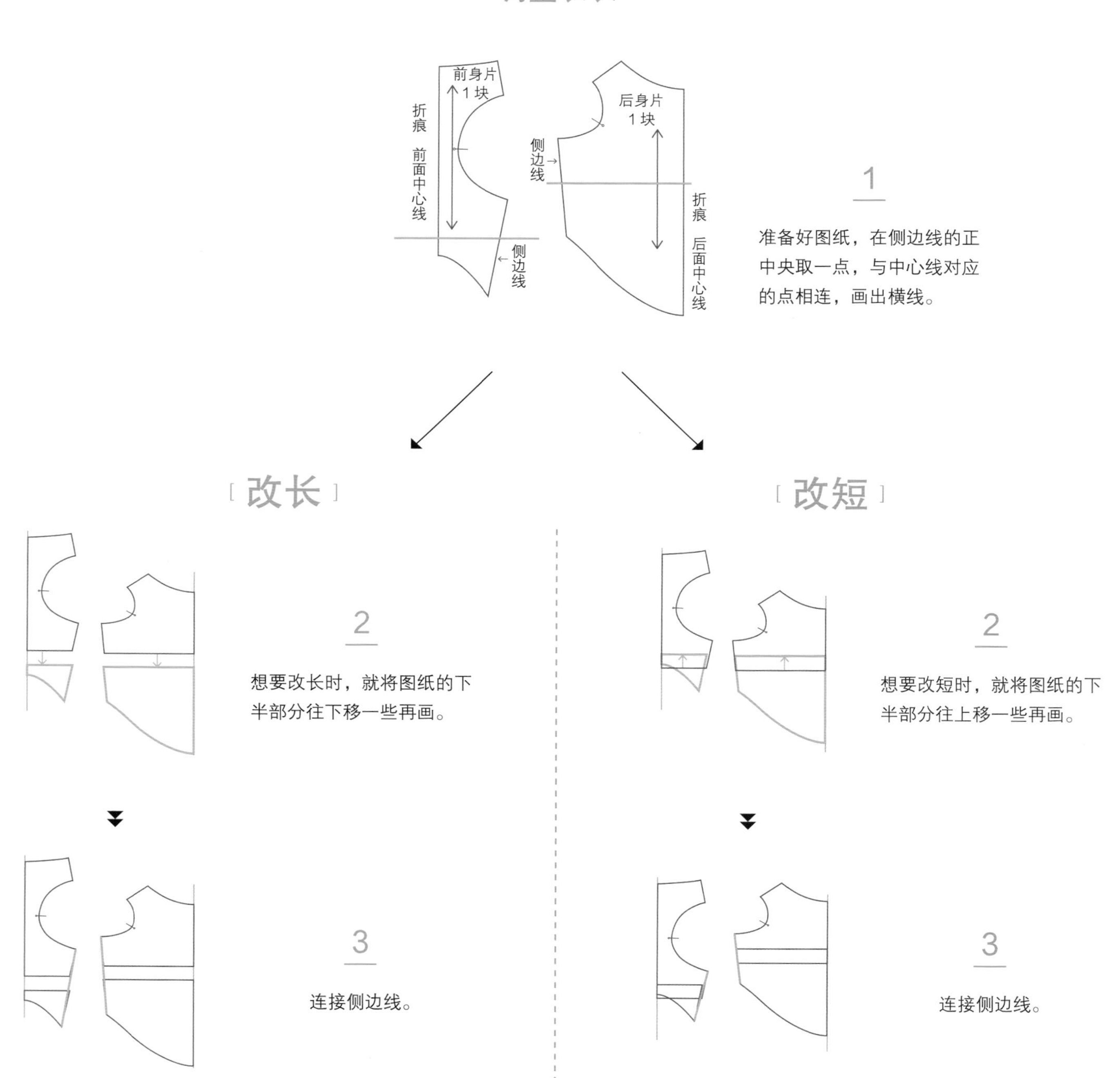

## 调整躯干围

决定好要将躯干围放大或缩小几厘米后，就需要调整侧边线。
这种方法会同时改变袖窿的大小，因此对狗狗来说，调整后的袖窿会不会过大或过小?
调整时需要重新考虑衣服的舒适感。

拼接袖的袖口宽度会随之变宽或变窄，所以还要考虑到袖子的大小变化。

### [ 拼接袖 : 扩大躯干围 ]（例：扩大 4cm）

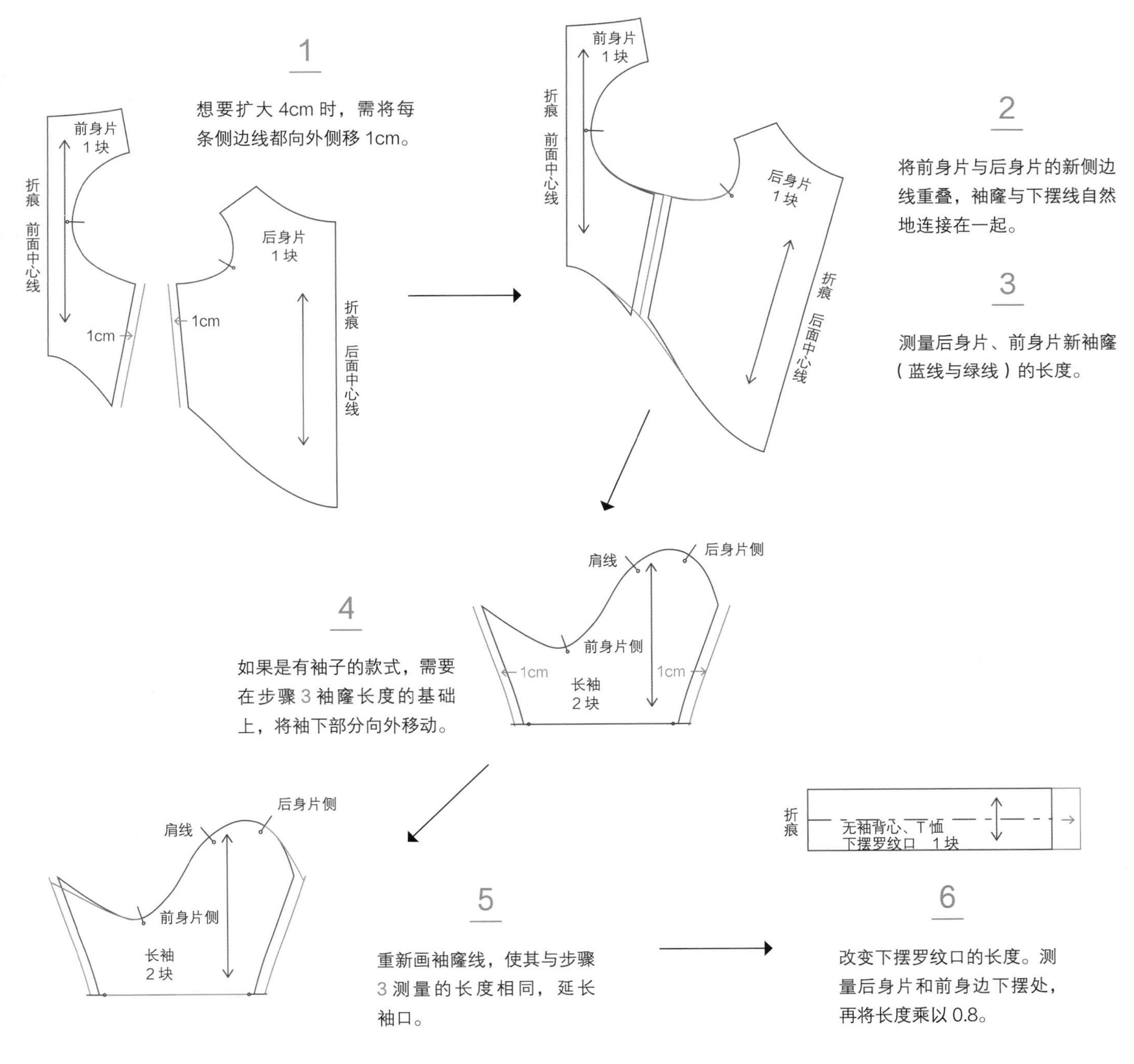

## [ 拼接袖：缩小躯干围 ]（例：缩小 4cm）

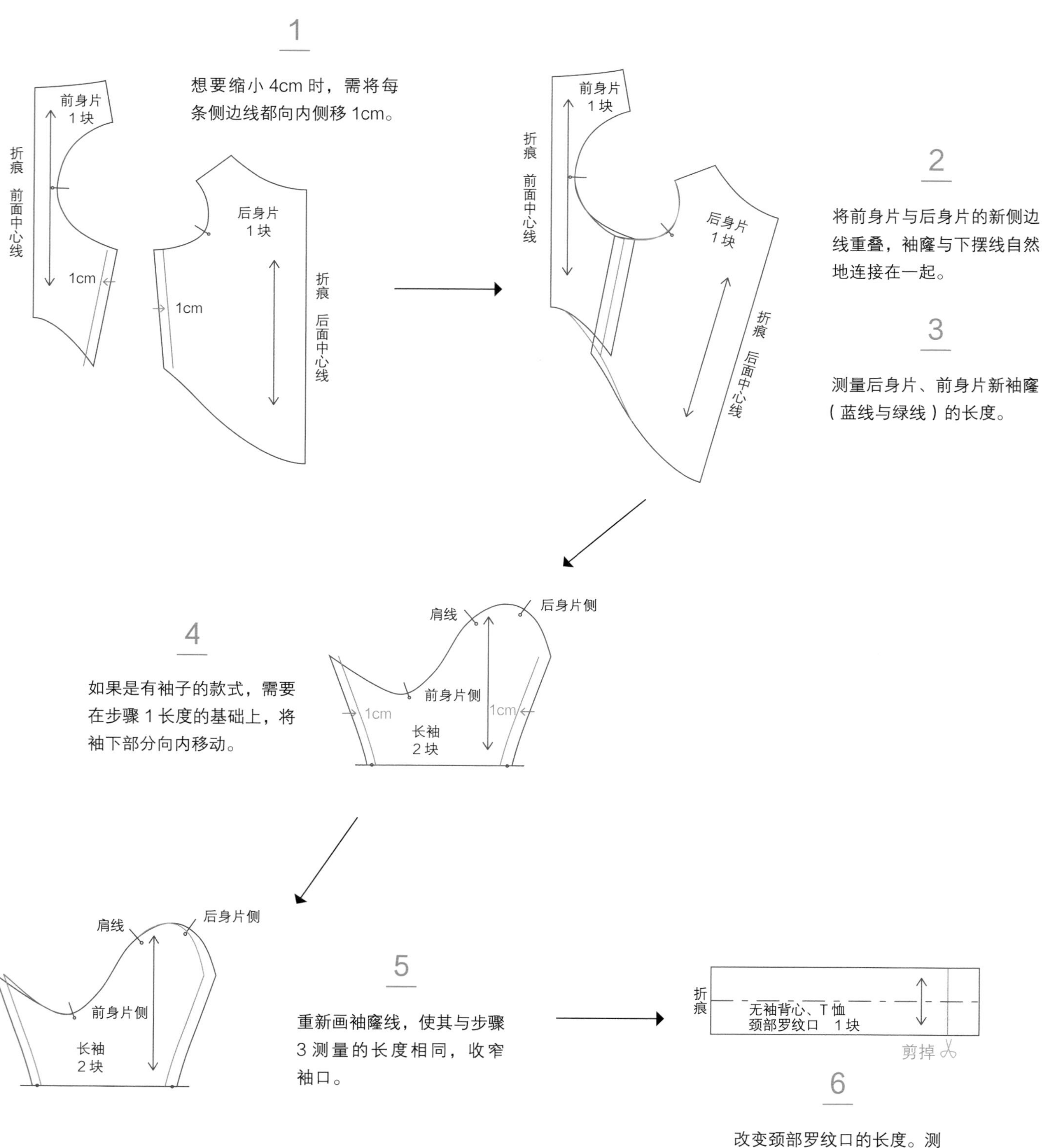


1

想要缩小 4cm 时，需将每条侧边线都向内侧移 1cm。

2

将前身片与后身片的新侧边线重叠，袖窿与下摆线自然地连接在一起。

3

测量后身片、前身片新袖窿（蓝线与绿线）的长度。

4

如果是有袖子的款式，需要在步骤 1 长度的基础上，将袖下部分向内移动。

5

重新画袖窿线，使其与步骤 3 测量的长度相同，收窄袖口。

6

改变颈部罗纹口的长度。测量后身片和前身片的下摆处，再将长度乘以 0.8。

## 调整颈围

如果只是进行几厘米的调整，可以通过改变颈部罗纹口的长度来解决。

此方法适用于进行较大的调整。
拼接袖的袖口宽度会随之变宽或变窄，所以还要考虑到袖子的大小变化。

### [ 拼接袖：扩大颈围 ]（例：扩大 4cm）

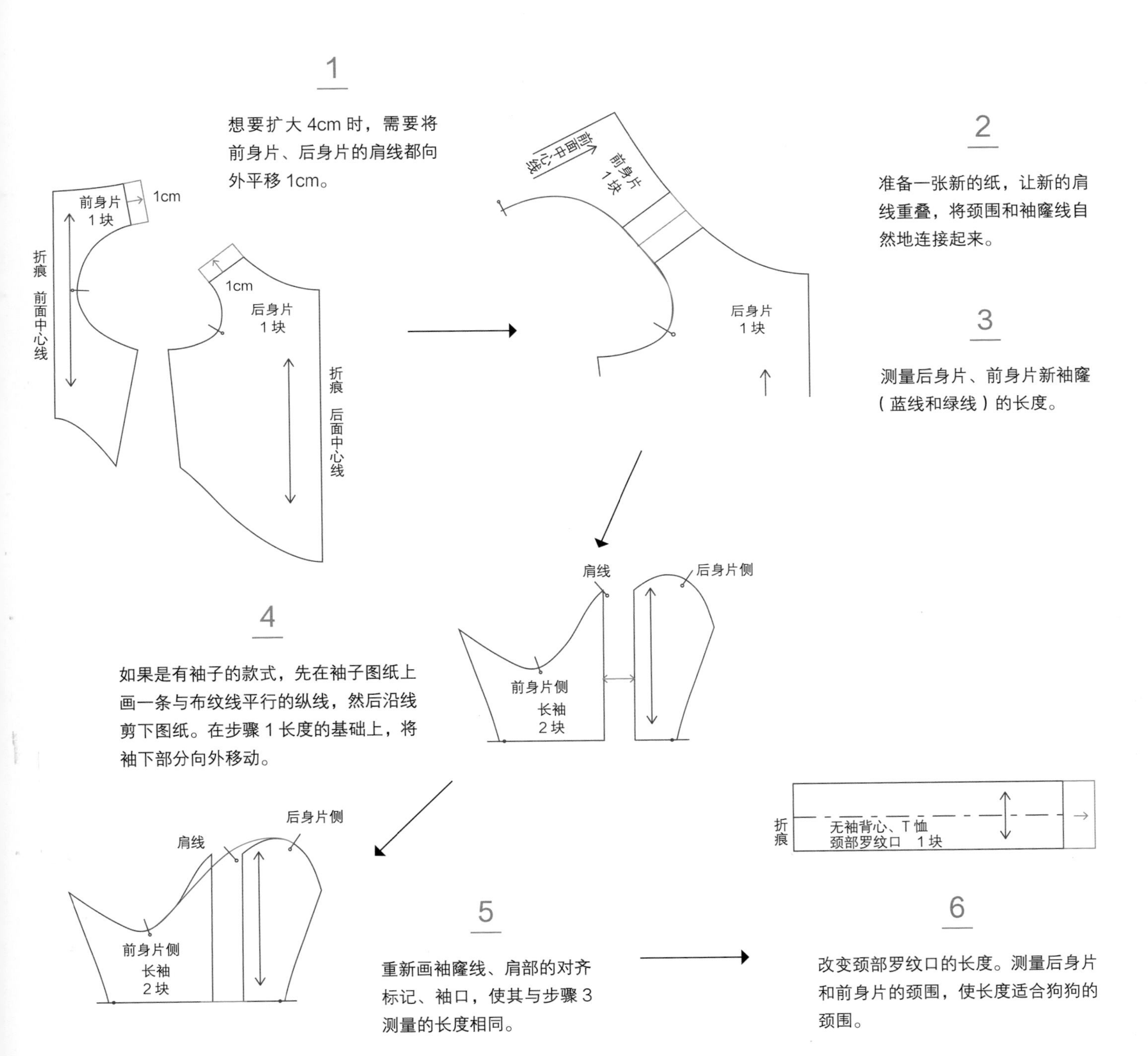

## [ 拼接袖：缩小颈围 ]（例：缩小 4cm）

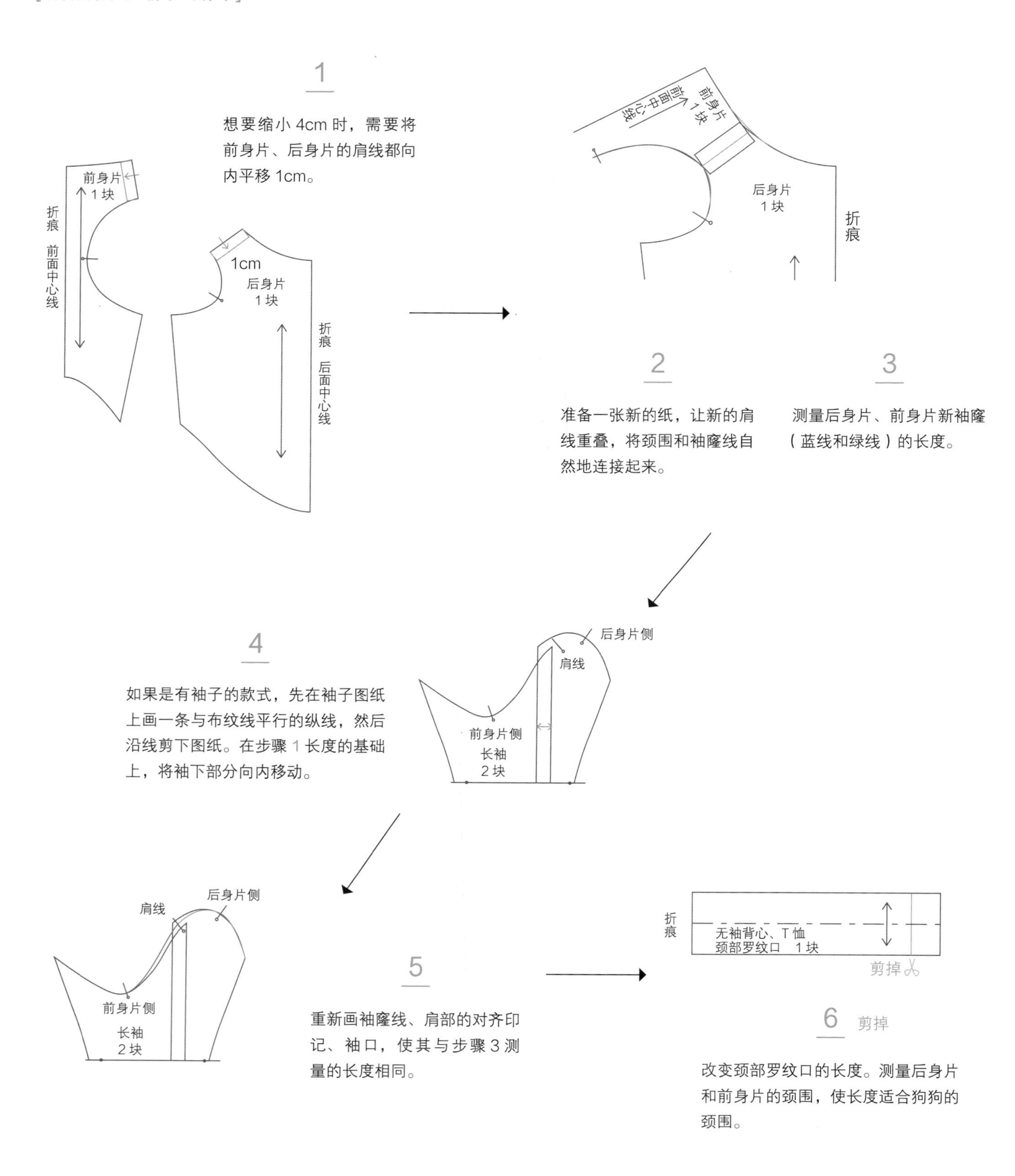


1

想要缩小 4cm 时，需要将前身片、后身片的肩线都向内平移 1cm。

2

准备一张新的纸，让新的肩线重叠，将颈围和袖窿线自然地连接起来。

3

测量后身片、前身片新袖窿（蓝线和绿线）的长度。

4

如果是有袖子的款式，先在袖子图纸上画一条与布纹线平行的纵线，然后沿线剪下图纸。在步骤 1 长度的基础上，将袖下部分向内移动。

5

重新画袖窿线、肩部的对齐印记、袖口，使其与步骤 3 测量的长度相同。

6 剪掉

改变颈部罗纹口的长度。测量后身片和前身片的颈围，使长度适合狗狗的颈围。

# 确定要做的款式后

到底是无袖背心、T恤，还是插肩式T恤？
确定要做的款式后，就可以根据狗狗的尺寸画出适合的图纸。
图纸完成后，放到布料上裁剪即可。

## 制作图纸

从附录的实物大图纸中，选择想要制作的样式和尺寸。
在肯特纸上复写出来，参照裁剪方法图留出缝份。

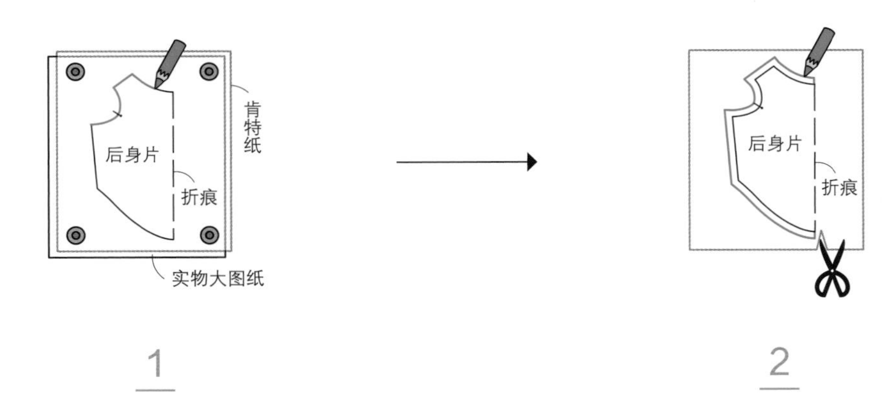


1

将肯特纸（也可以用透写纸）放到实物大图纸上，用重物固定，防止纸张错开，然后用铅笔描绘。“折痕”和布纹线等图纸中出现的标记都要画下来。

2

参照制作方法页面的裁剪方法图，留出缝份。取出肯特纸，沿缝份线剪下。

## 裁剪布料

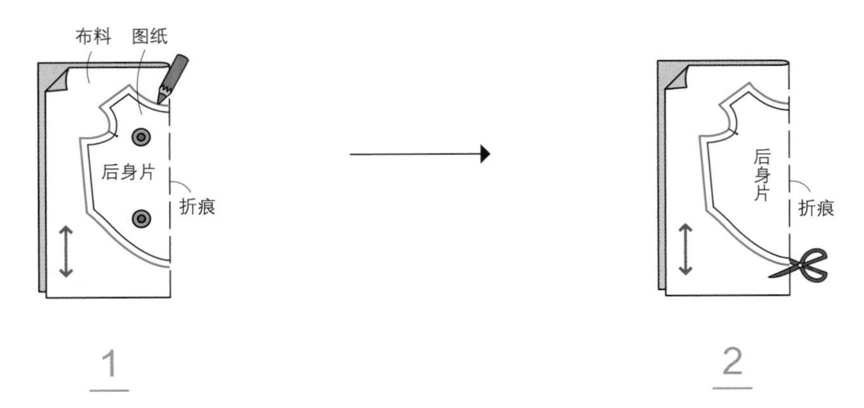


1

参照裁剪方法图，将布料正面朝内对折，使布纹线保持垂直。图纸放在上面，用重物固定。此时，图纸的“折痕”部分要与布料的“折痕”对齐。

2

将图纸的轮廓画在布料上，然后拿掉图纸。尽量不要挪动布料，沿画好的线剪下来。

# 缝纫的基本用语

制作方法解说页中经常用到的基本术语，
请大家先记下来！

## 【折痕】

布料对折后，形成的印迹部分被称为“折痕”。

折痕

## 【正面朝内和正面朝外】

将布料正面置于内侧相对合拢，即称为“正面朝内”；反面相对合拢，正面置于外侧则称为“正面朝外”。

正面 反面 正面朝内
反面 正面 正面朝外

## 【对折】

将布料沿中线对折。

## 【三折】

沿成品线向内折叠布料，然后再将已折叠部分再向内侧折叠一次。

## 【四折】

布料的两端与中心对齐折叠，然后再沿中心折叠。

## 【返缝】

起点与终点缝两次，使针脚更牢固，防止散开。

返缝

## 【分开缝份】

将缝份展开，用熨斗熨烫。

幅宽 横向 布边 纵向 布边 斜向

**布料名称**

幅宽…布料横向从布边到布边的距离。
布边…布料的织线折回后形成的两条边。
纵向…与布边平行的布纹，在裁剪方法图中用箭头表示。
斜向…与纵向呈 45 度角，更具伸缩性。

※ 针织布料的伸缩具有方向性，需要先确认到底是横向还是纵向的伸缩性更强。配置时，把不具伸缩性的方向与图纸的纵向标记对齐。

# 一起来制作狗狗的衣服吧！

本章我们会详细向大家介绍
无袖背心、T恤、插肩式T恤三种基本款衣服的制作方法。
掌握基本的制作方法后，接下来就可以尝试简单的改良款啦！

## 基础课程 1···试试缝纫机

# 地垫

图片 » p14

裁剪布料，准备好后就来试试缝直线吧。

**Let's try!**

准备材料

↓

裁剪布料

↓

STEP1
表布与里布缝合

↓

STEP2
翻到正面，周围缝好

■材料

- 47cm×72cm 的布帛布料···表布用
- 47cm×72cm 的布帛布料···里布用

※ 含缝份。

- 线···短纤纱线 60 号（上线、下线）

■成品尺寸

宽 45cm× 长 70cm

■裁剪方法图

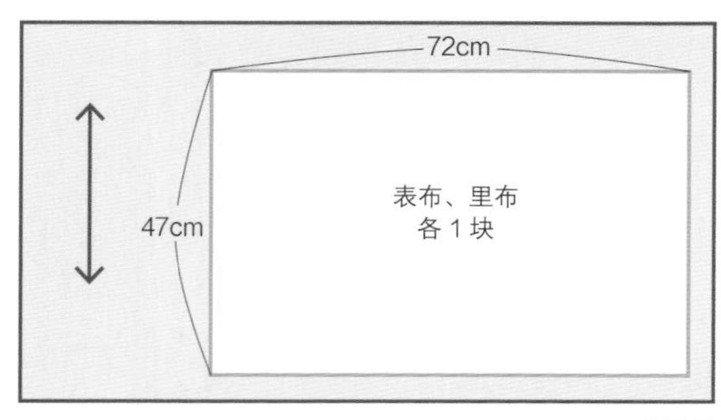


※ 含缝份

## ✂ 制作方法

### STEP 1. 表布与里布缝合

表布与里布正面朝内重叠，用绷针固定。

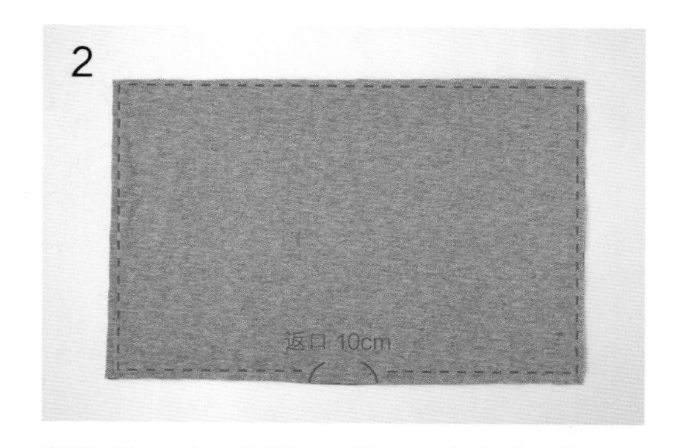


留出 10cm 左右的返口，留 1cm 的缝份，将四周缝好。

※ 针织布料容易伸缩，参照 p20 ～ 21 的方法，注意手的摆放，防止布料伸缩。

### STEP 2. 翻到正面，周围缝好

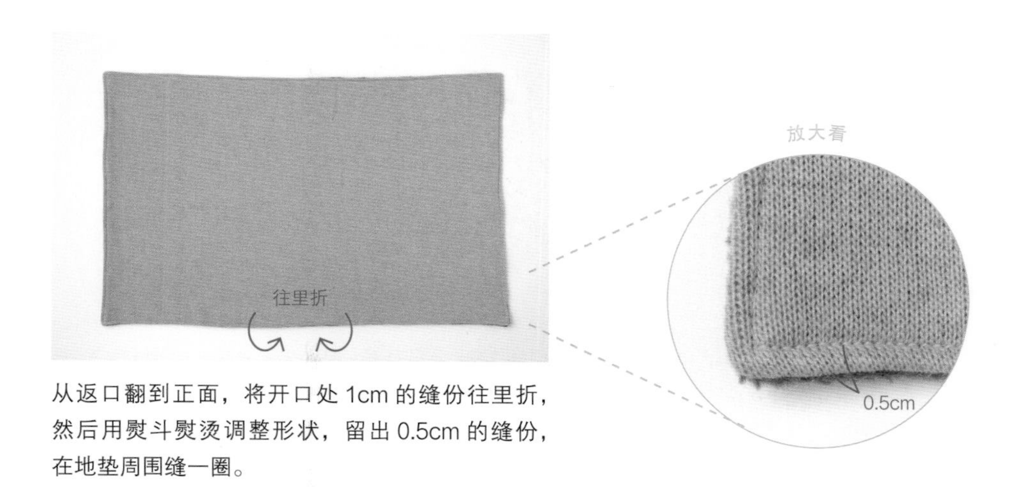


从返口翻到正面，将开口处 1cm 的缝份往里折，然后用熨斗熨烫调整形状，留出 0.5cm 的缝份，在地垫周围缝一圈。

## 基础课程 2…挑战一下制作小物件！

# 围脖

图片 » p14

挑战一下稍微有点难度的筒状小物件！

孩子用

狗狗用

大人用

**Let's try!**

准备材料

↓

裁剪布料

↓

**STEP1**
表布与里布缝合

↓

**STEP2**
翻到正面，两端缝合

### ■材料

**狗狗用**

- 10cm × 32cm 的提花布料…表布用
- 12cm × 32cm 的针织长绒棉布料…里布用

**小孩用**

- 15cm × 50cm 的提花布料…表布用
- 17cm × 50cm 的针织长绒棉布料…里布用

**大人用**

- 20cm × 65cm 的提花布料…表布用
- 22cm × 65cm 的针织长绒棉布料…里布用

※ 含缝份。

- 线…尼龙线（上线）、羊毛线（下线）
- 水洗唛…1 块

### ■裁剪方法图

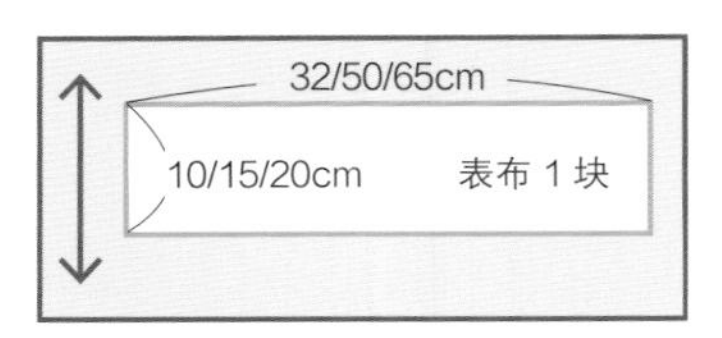

※ 含缝份

## ✂ 制作方法

### STEP 1. 表布与里布缝合

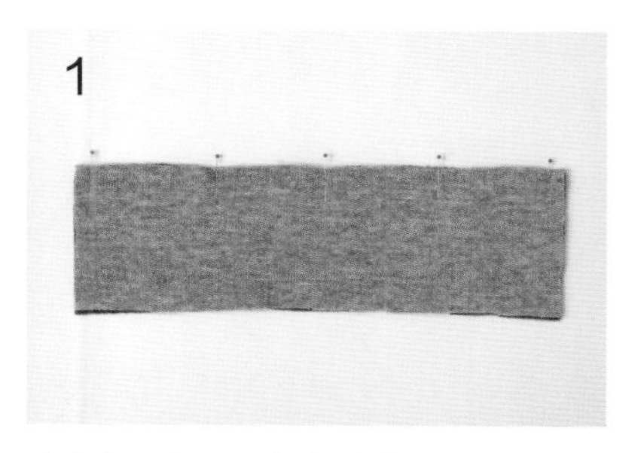


表布与里布正面朝内重叠，用绷针固定。

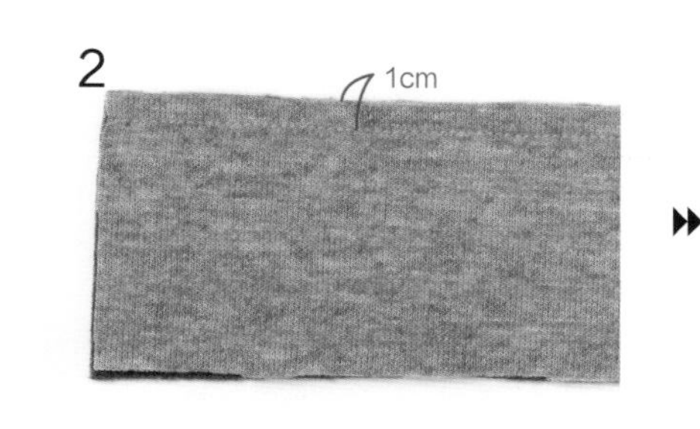


其中一端留出 1cm 的缝份，缝合。

另一端对齐，用绷针固定。

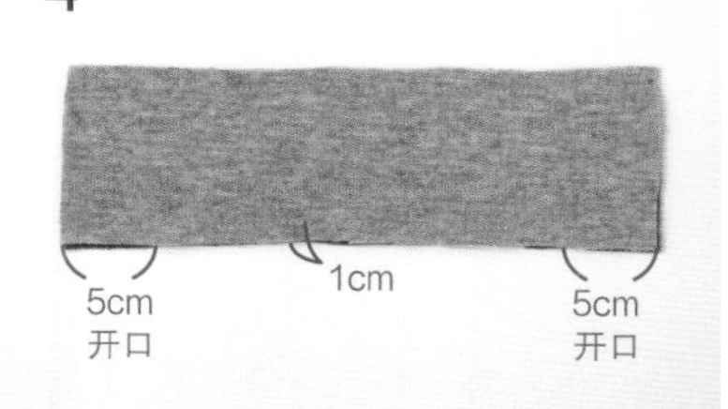


在起点和终点处留出大约 5cm 的开口。留出 1cm 的缝份，缝合。

### STEP 2. 翻到正面，两端缝合

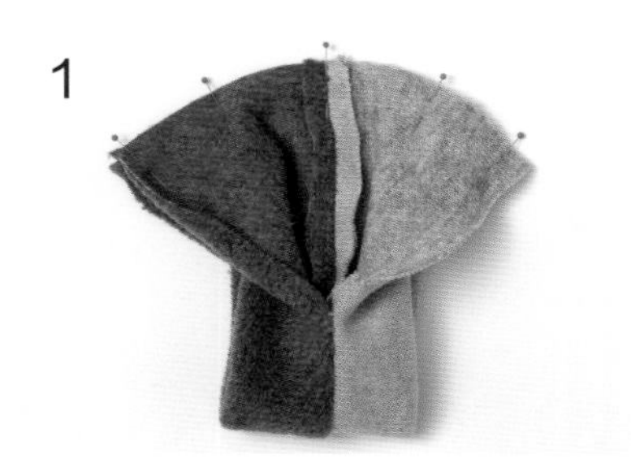


翻到正面，分开缝份，将缝合处置于正中央，折叠。两端正面朝内相对合拢，用绷针固定。

留出 1cm 的缝份，缝合。

开口处用手缝的方法缝合。

完成。按个人的喜好缝上水洗唛等装饰。

# TANK TOP
## 无袖背心
### Basic
### - 基本款 -

你好！

汪汪！

终于到挑战衣服的时间啦！
先从基本的无袖背心开始。
颈部、袖口、下摆处都加入了罗纹口，
所以对罗纹布料的选择非常讲究。
改变布料后，成品的效果也会改变。
用各式各样的布料组合，
试着做做看！
在制作过程中，把布料的信息记录下来，
对以后做衣服很有帮助。

制作方法 » p37

# A 无袖背心 基本款

## ■材料

・针织布料 A（天竺棉、罗纹针织布等）…前身片、后身片用
・针织布料 B（罗纹针织坑条布或氨纶罗纹针织布，或与衣身的布料相同）…颈部罗纹口、袖口罗纹口、下摆罗纹口用
・线…尼龙线（针织专用缝纫线）：上线；羊毛线：下线
※ 使用锁边机时，选用锁边专用的 4 股短纤纱线。

## ■准备工作

1. 画好图纸，参照裁剪方法图留出缝份（除指定以外均为 1cm）。
2. 计算用量，购买布料。
3. 配置图纸，仔细地裁剪布料。

## ■基本款裁剪方法图

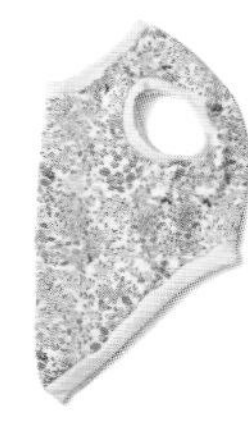

**Data/柯基**
（图片：p36）
雄性 6 岁 5 个月
躯干围…67cm
颈围…45cm
衣长…52cm
体重…17.5kg
图纸尺寸…3L

**图纸调整要点**
无

↓针织布料A…反毛针织布

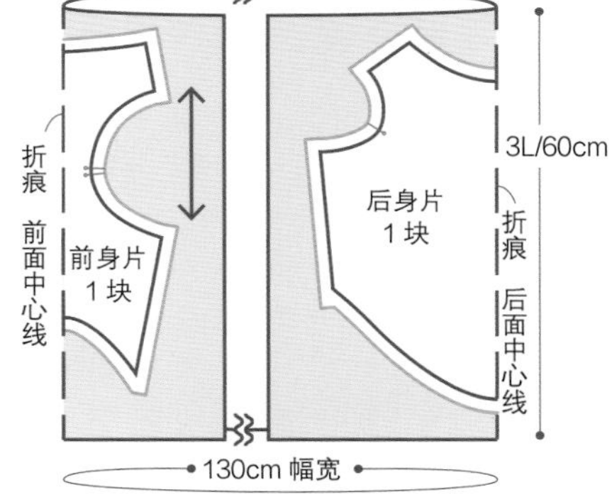


↓针织布料B…罗纹针织布

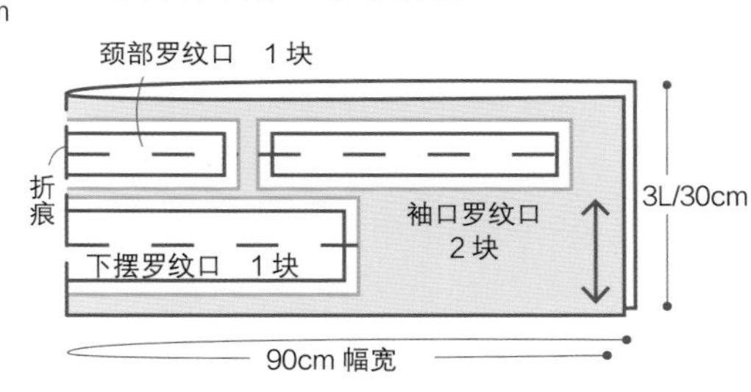


## ■成品尺寸

布料尺寸（单位：cm）

| 尺寸 | 衣长（A） | 躯干围（B） | 颈围（C） | 参照体重（kg） | 针织布料 A | 针织布料 B |
|---|---|---|---|---|---|---|
| 3S | 22 | 31 | 16 | 1.5～2 | 30 × 130 | 15 × 90 |
| S | 28 | 40 | 22 | 2～4 | 35 × 130 | 20 × 90 |
| M | 34 | 47 | 26 | 4～6 | 40 × 130 | 20 × 90 |
| L | 37.5 | 53 | 30 | 6～8 | 45 × 130 | 20 × 90 |
| 3L | 51 | 64 | 37 | 8～15 | 60 × 130 | 30 × 90 |
| 5L | 72 | 85 | 42.5 | 15～35 | 80 × 130 | 40 × 130 |
| DS | 33.5 | 40 | 22 | 3～4 | 45 × 130 | 20 × 90 |
| FB | 32.5 | 52 | 35 | 4～12 | 50 × 130 | 20 × 90 |

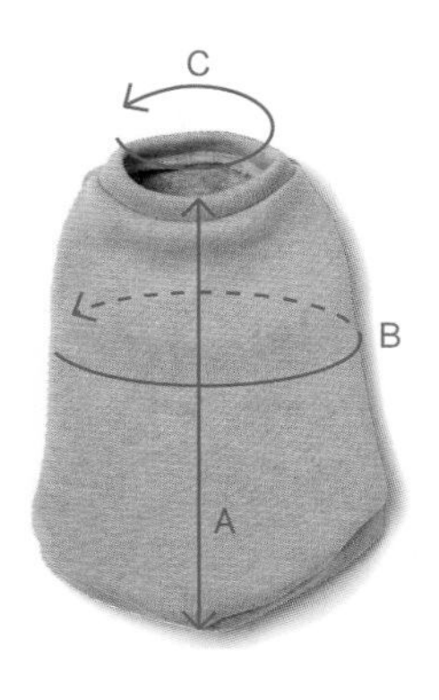


※ 注意：布料尺寸如表格所示，标记为“尺寸 × 幅宽（130/90）”。每种布料的幅宽都不同，准备布料的时候多留出一些余量。

## ✂ 制作方法

### STEP 1. 缝合侧边

1

前身片和后身片的侧边正面朝内对齐，用绷针固定。

2

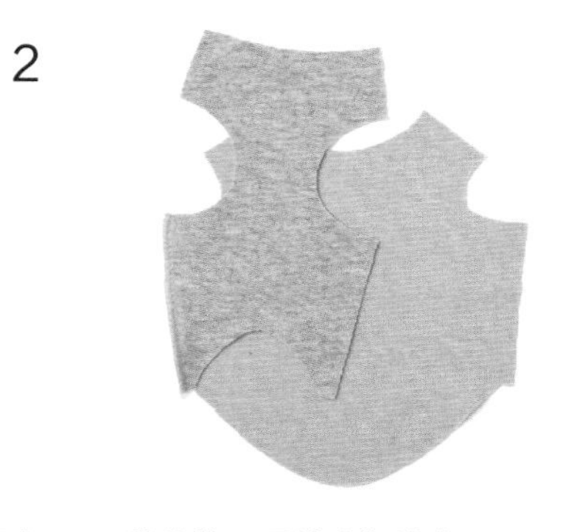

留出 1cm 的缝份，用锁边机缝合。

※ 用 2 根针锁边时，需要剪掉 0.3cm 再缝。

※ 用 1 根针锁边时，不用修剪直接锁边，在 1cm 处直接缝出正式的针脚。

3

另一侧也用同样的方法处理，缝份倒向前身片侧。

### STEP 2. 肩部缝合

1

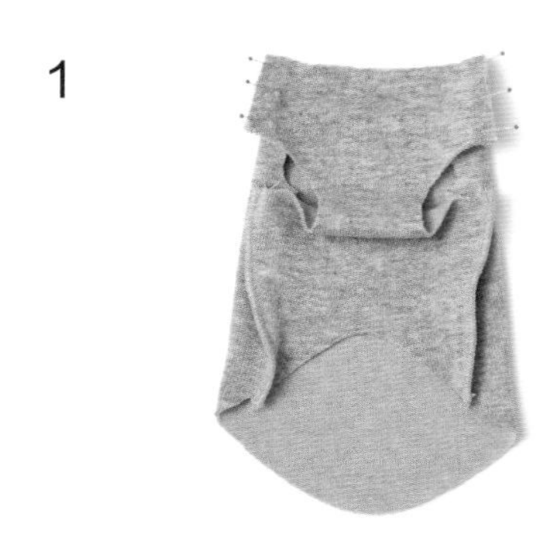

前身片与后身片的肩部正面朝内重叠，用绷针固定。

2

留出 1cm 的缝份，用锁边机缝合。缝份倒向前身片侧。

## STEP 3. 制作罗纹口，缝好

1

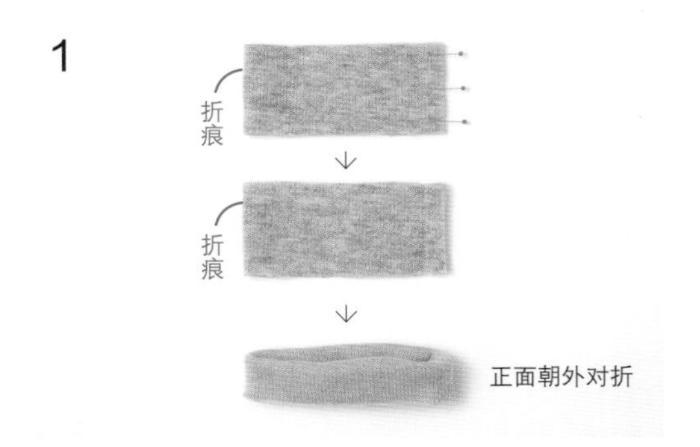


按照图片所示，将颈部罗纹口、袖口罗纹口、下摆罗纹口正面朝内相对，折出“折痕”，在距离顶端1cm 的位置缝合。将缝份分开后正面朝外对折。

2

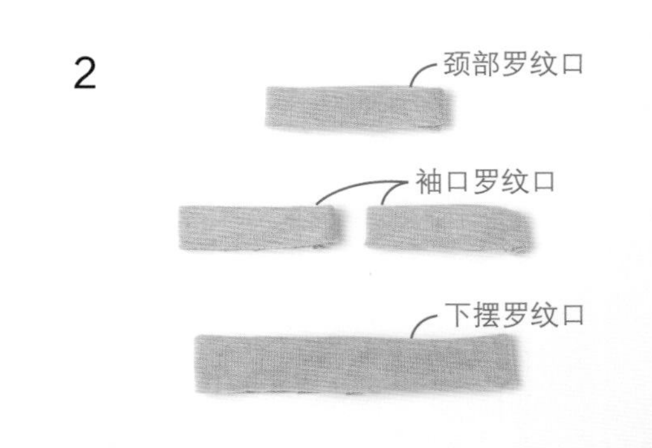


颈部罗纹口、袖口罗纹口、下摆罗纹口用同样的方法处理。

3

将颈部罗纹口的缝合线与衣身任意一侧的肩线对齐，均匀地插入绷针固定。

4

留出 1cm 的缝份，用锁边机缝好。

5

袖口罗纹口的缝合线与衣身的侧边对齐，下摆罗纹口的缝合线与前面中心对齐，然后按照拼接颈部罗纹口的方法，留出 1cm 的缝份，用锁边机缝合。

6

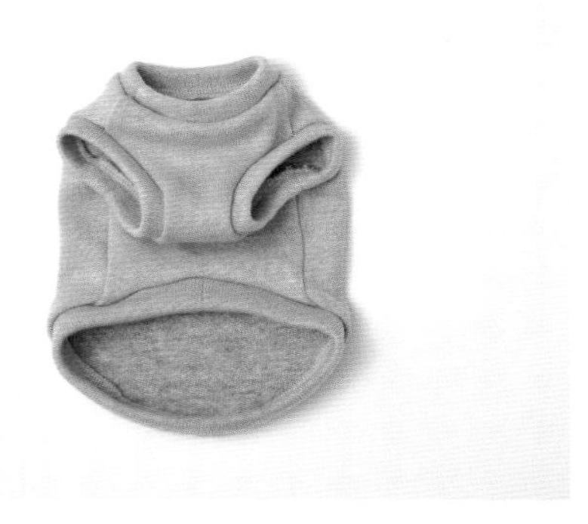

翻到正面，完成。

完成！

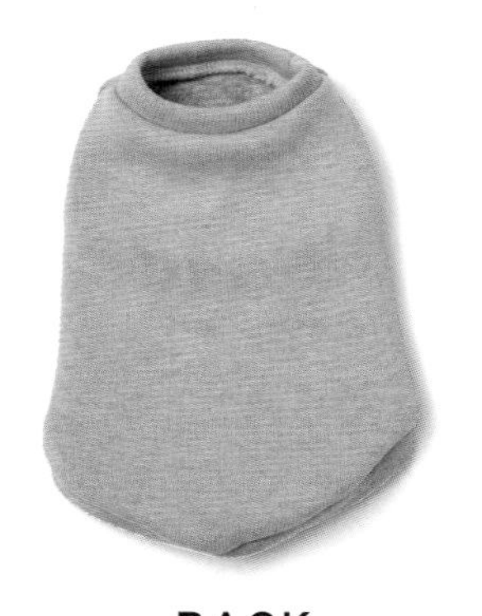

**BACK**
背面

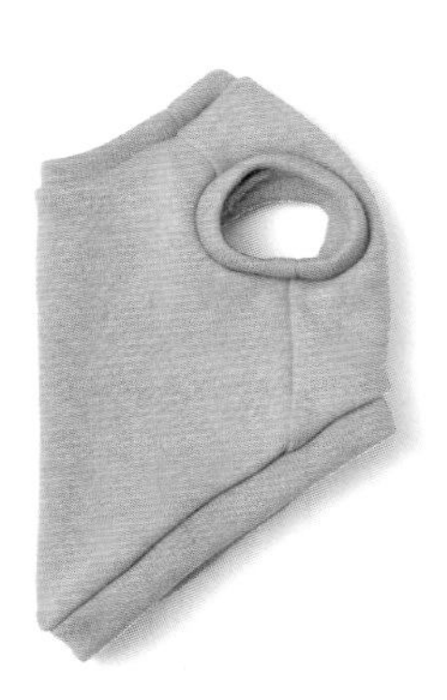

**SIDE**
侧面

## 变化一下

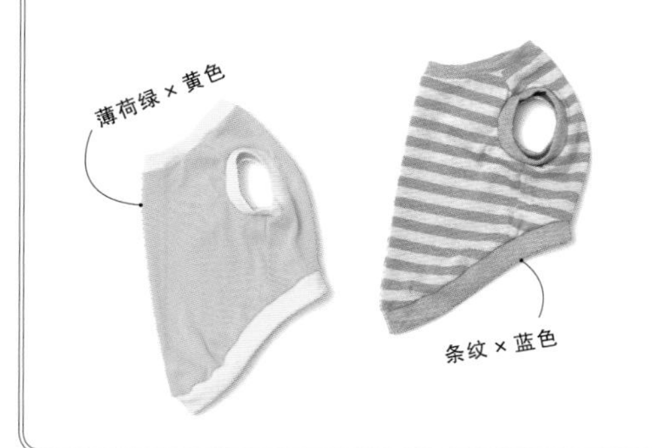

### 多种配色

改变罗纹口的颜色，搭配出新意。比如，与条纹的颜色保持一致，使花样与罗纹口的颜色相互呼应。

A 无袖背心 掌握基本要领之后

# 来挑战改良款式吧！

## Intermediate
## - 中级 -

在上面加入各种辅料，用缝制、拼贴、插入等方法，就能让作品进阶到中级。
即便用同样的图纸，也可以制作出个性十足的衣服。

[改良款式 1]

[改良款式 2]

[改良款式 3]

## Advanced
## - 高级 -

对于想要进一步拓宽手工制作技能的高手来说，可以试试用附加的图纸让衣服的种类更加丰富。
拼布、荷叶边、拼接兜帽等多种组合方式的运用，
能帮助大家挑战更多的可能性。

[改良款式 4]

[改良款式 5]

[改良款式 6]

# TANK TOP

## 无袖背心

**Intermediate**

**- 中级 -**

掌握基本款的制作方法后，
接下来试试中级阶段的衣服吧！
加入一些布贴、水洗唛或其他布料，
在颜色、形状、搭配上花点心思。
此时，离远一点看看整体效果，
注意搭配的平衡感，这非常关键！
别忘了把搭配、配色的制作心得记下来哦！

制作方法 » p43

中级

A 无袖背心　改良款式 1

# 拼接方巾

照片 » p8、p42

背面

侧面

## 在领口处夹入小方巾

在制作小方巾的布料两边事先缝出两条针迹。

把线抽出来一点，形成流苏。

放到后身片试一下，确定小方巾的位置。

步骤 3 的衣服翻到上面，画出领口的印记。

领口的印记画好后如图所示。沿线修剪小方巾布料。

把剪好的小方巾布料放到后身片的正面，与前身片正面朝内重叠，肩部用绷针固定。在肩部的顶端缝合，然后继续缝无袖背心。

完成后，用手缝的方法将装饰纽扣缝在小方巾上。

中级

A 无袖背心　改良款式 2

# 转印文字、拼接水洗唛

照片 » p6

背面

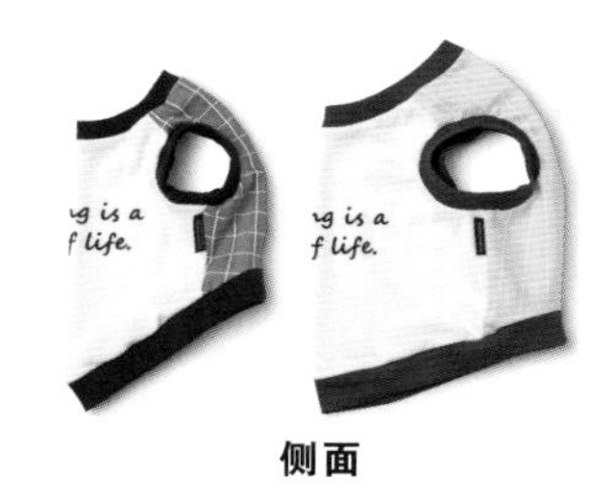
侧面

## STEP 1. 用熨烫式转印薄布转印文字

将布料放到熨烫板上，转印薄布的粘合面朝下放在布料正面，用中温熨烫。

冷却后从顶端慢慢揭开薄布。

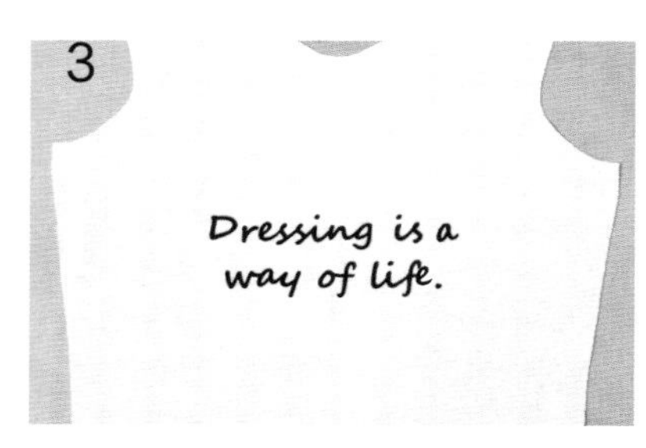

文字转印完成。

## STEP 2. 拼接水洗唛

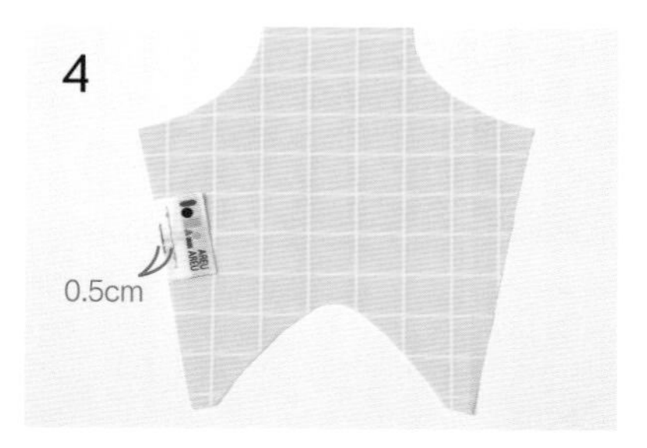

前身片与水洗唛正面朝内合拢，在距离顶端 0.5cm 的位置暂时缝好固定。

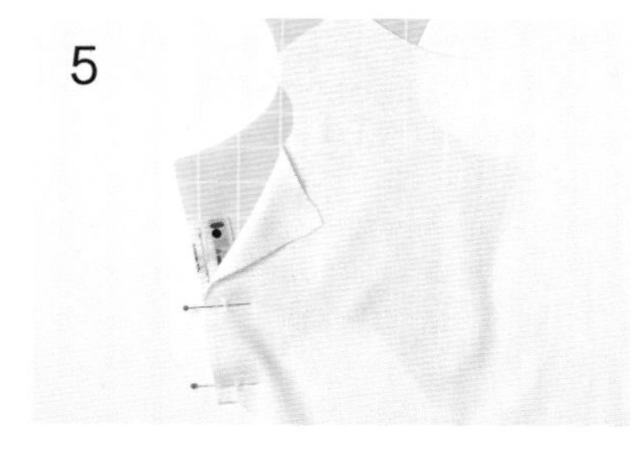

后身片正面朝内，与前身片重叠，用绷针固定。※ 确认水洗唛的文字是否上下颠倒，左右反转。

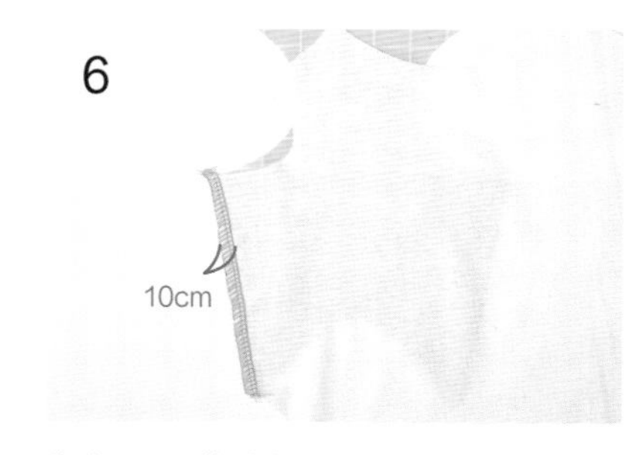

留出 1cm 的缝份，用锁边机缝好。

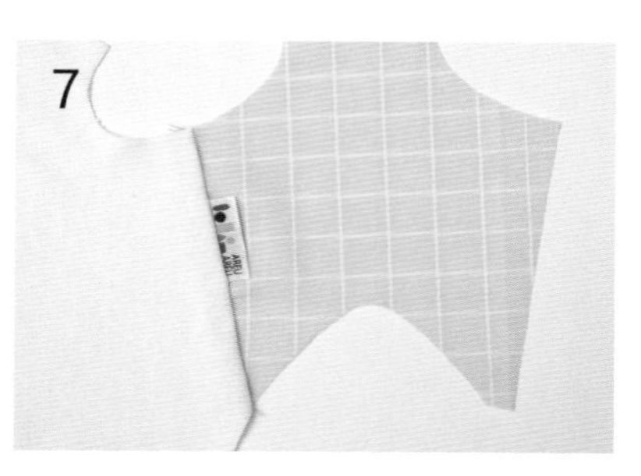

水洗唛拼接好了。继续缝制无袖背心。

# A 无袖背心　改良款式 3 拼接蕾丝

照片 » p7

背面

侧面

## 蕾丝的缝法

无袖背心完成之后再用手缝的方法加入蕾丝。先准备好拼接到中央的蕾丝。

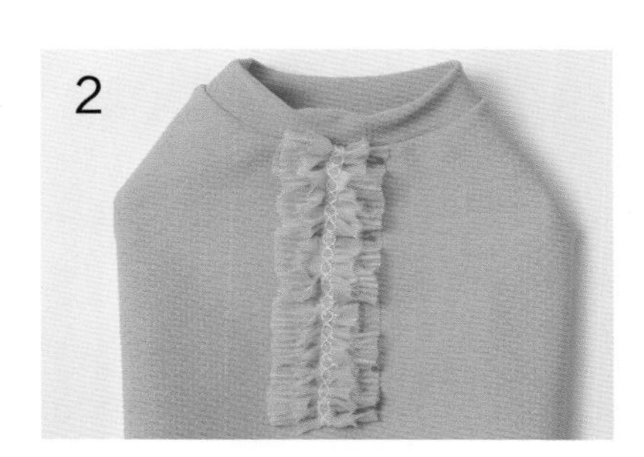


折叠蕾丝的两端，长度可随意，用绷针固定。

用手缝的方法缝好。

用同样的方法，在两侧各缝一条蕾丝。袖子罗纹口、下摆罗纹口处也用同样的方法缝上蕾丝。

# 模特狗狗所用的图纸、调整要点和裁剪方法图

## [改良款式 1]

**Data/ 迷你腊肠犬**
（照片：p8、p42）
雄性　2 岁 11 个月
躯干围……47cm
颈围……30cm
衣长……44cm
体重……7.4kg
图纸尺寸……DS

**图纸调整要点**
- 后身片、前身片的躯干围扩大 9cm（40cm → 49cm）
- 后身片的衣长增加 7.5cm（24cm → 31.5cm）
- 前身片的衣长增加 2.5cm（25.5cm → 28cm）
- 颈部罗纹口增加 4cm（22cm → 26cm）

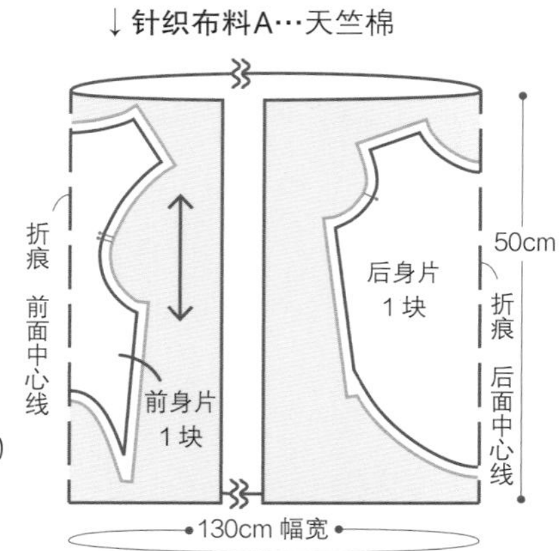


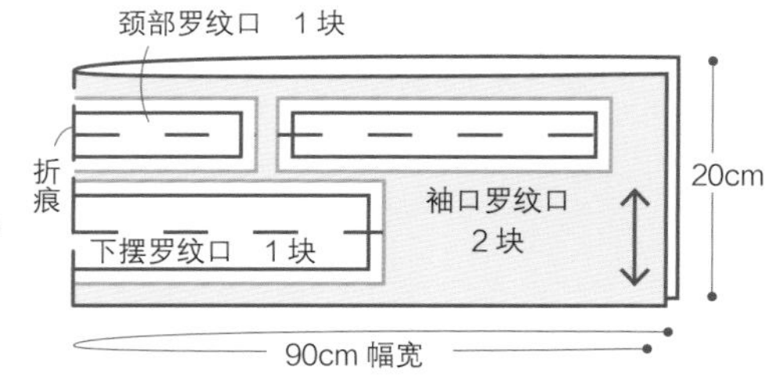


方巾…棉布　适量

## [改良款式 2]

**Data/ 吉娃娃**
（照片：p6）
雄性　2 岁 9 个月
躯干围…30cm
颈围…18cm
衣长…24cm
体重…2.1kg
图纸尺寸…3S

**图纸调整要点**
- 后身片的衣长缩短 2cm（22cm → 20cm）
- 颈部罗纹口延长 2cm（16cm → 18cm）

**Data/ 迷你雪纳瑞**
（照片：p6）
雌性　4 岁 10 个月
躯干围…45cm
颈围…23cm
衣长…26cm
体重…5.8kg
图纸尺寸…M

**图纸调整要点**
- 后身片的衣长缩短 8cm（29cm → 21cm）
- 颈部罗纹口缩短 3cm（26cm → 23cm）

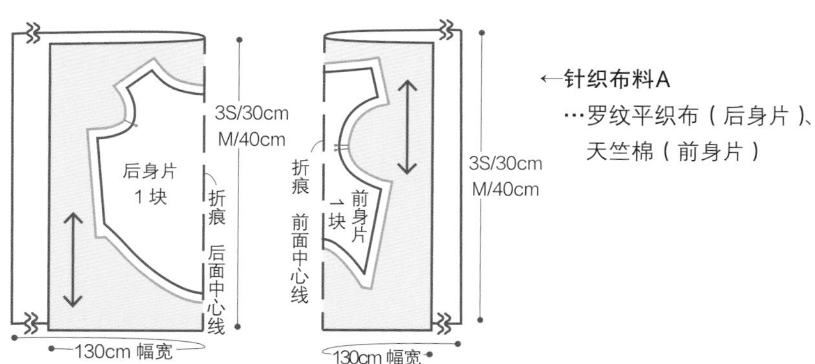


←针织布料A
…罗纹平织布（后身片）、
天竺棉（前身片）

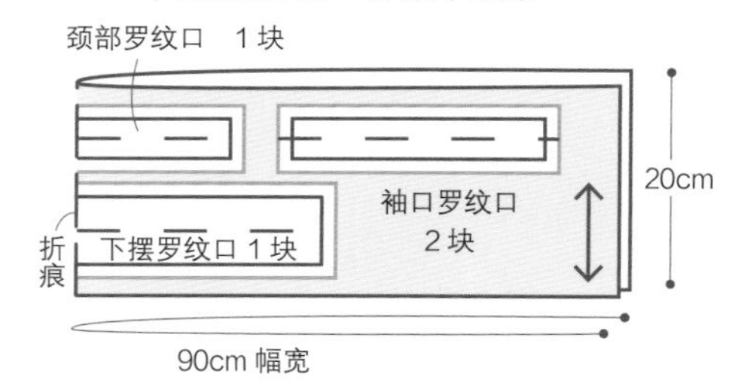


## [改良款式 3]

**Data/ 玩具贵宾犬**
（照片：p7）
雄性　3 岁 5 个月
躯干围…40cm
颈围…25cm
衣长…33cm
体重…4.4kg
图纸尺寸…S

**图纸调整要点**
无

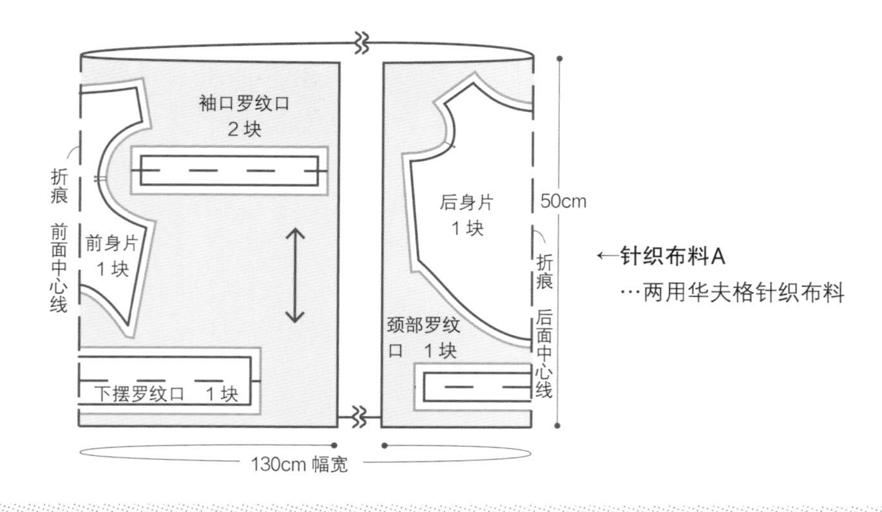


←针织布料A
…两用华夫格针织布料

# TANK TOP

## 无袖背心

**Advanced**

**- 高级 -**

如果中级还无法满足您的需求，
下面我们再增加一些图纸，
设计制作出更具个性的衣服吧！
拼布、荷叶边的位置稍做改变，
作品就会呈现出不一样的效果。
进入高级阶段后，
在制作前也试着挑战一下画设计图吧！
画设计图能让灵感更加丰富。

制作方法 » p48

中级

A 无袖背心 改良款式 4 **加入拼布**

照片 » p47

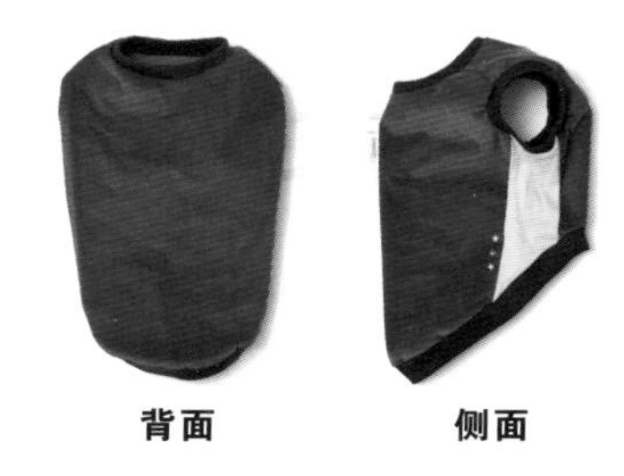


## 加入拼布的方法

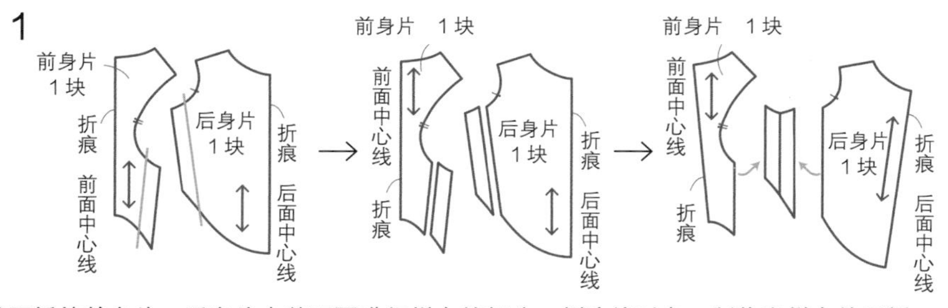


从图纸的前身片、后身片中剪下要进行拼布的部分，侧边线对齐，制作出拼布的图纸。

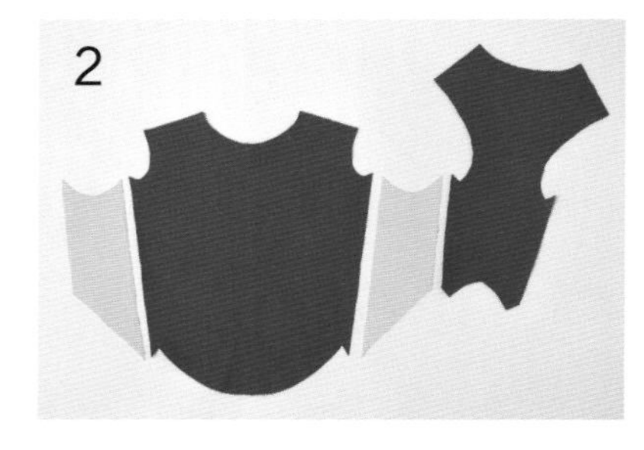


裁剪 2 块拼布、后身片、前身片。

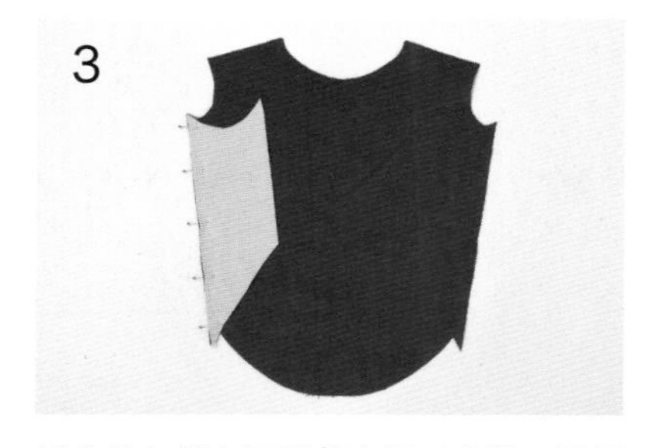


后身片与拼布正面朝内相对合拢，用绷针固定。

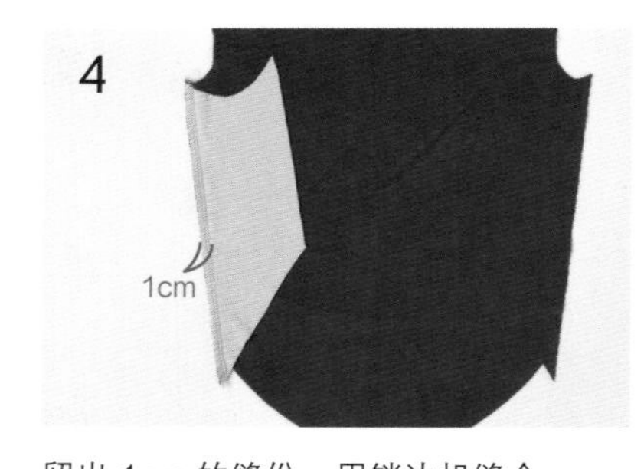


留出 1cm 的缝份，用锁边机缝合。

用同样方法缝合另一块拼布后，将前身片与拼布一侧正面朝内相对缝合。

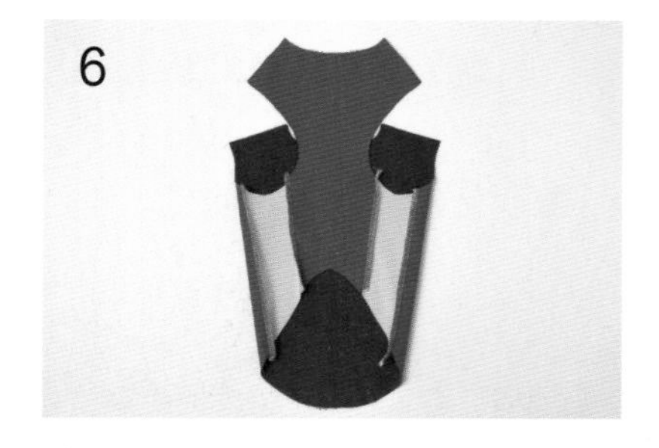


前身片的另一侧与拼布正面朝内相对缝合。

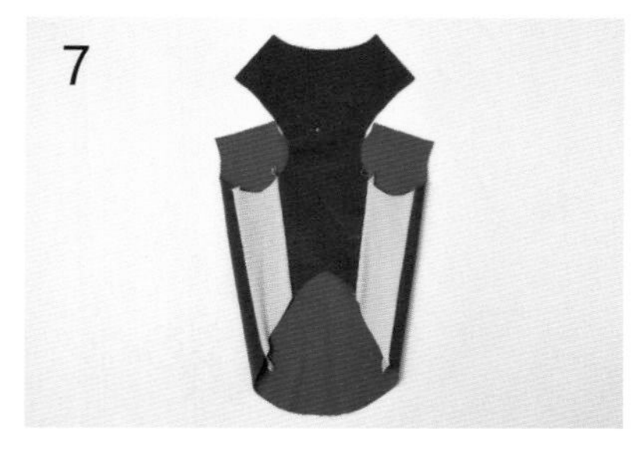


参照无袖背心基本款的制作方法，拼接颈部、袖口、下摆的罗纹口（参照 p39）。

最后，将熨烫粘合式铆钉固定到任意位置即可。

中级

A 无袖背心 改良款式 5

# 在领口、袖窿、下摆处加入蕾丝荷叶边

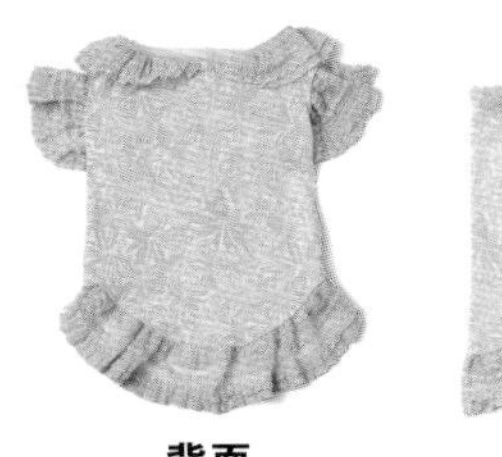
背面

侧面

## STEP 1. 荷叶边中织入褶皱

所有的荷叶边都有褶皱。参照 p62“制作荷叶边”的步骤 1~4 制作。

## STEP 2. 在下摆处拼接荷叶边

按照无袖背心基本款的制作方法，进行到 STEP2 后，在 1cm 缝份处将荷叶边与下摆缝合，缝份倒向衣身侧。在距下摆边缘 0.5cm 处从正面压线。

## STEP 3. 在领口拼接荷叶边

※ 用手缝的方法暂时固定，使衣领荷叶边的后面中心与“折痕”重合。将蕾丝正面与领口反面相对重叠，在 1cm 的缝份处缝合，再把蕾丝翻到正面。然后在距离顶端 0.2cm 处从正面压线。

## STEP 4. 在袖窿处拼接荷叶边

1

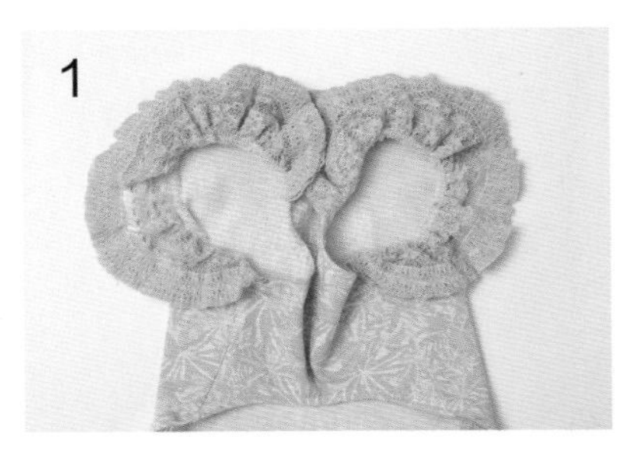

袖窿与荷叶边正面朝内对齐，随机在衣身的袖窿处选几个位置，用绷针固定。然后在 1cm 的缝份处缝合。

2

把蕾丝翻到正面，折叠缝份，在距离顶端 0.2cm 处压线。

# 模特狗狗所用的图纸、调整要点和裁剪方法图

## [改良款式 4]

※ 迷你腊肠犬的数据与图纸调整要点参照 p46。

侧边拼接布的制作方法

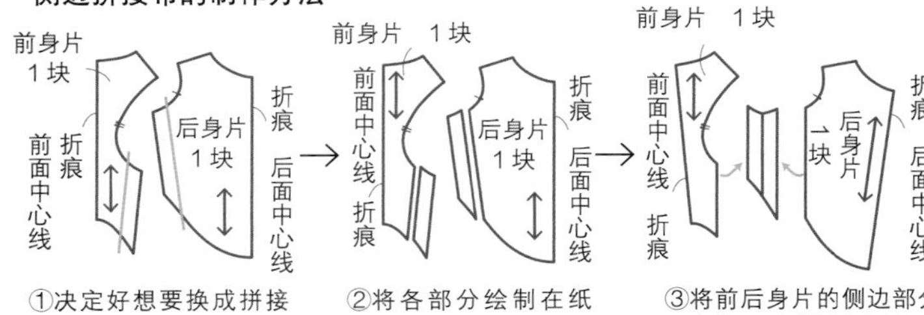


↓针织布料A…灯芯绒

↓侧边布料 …罗纹平织布

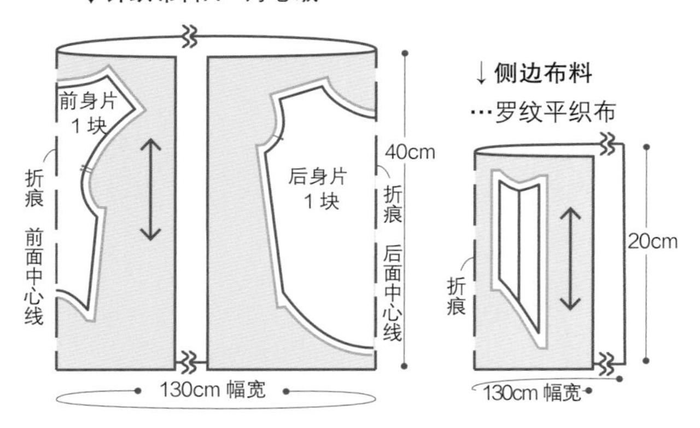


↓针织布料B…氨纶罗纹针织布

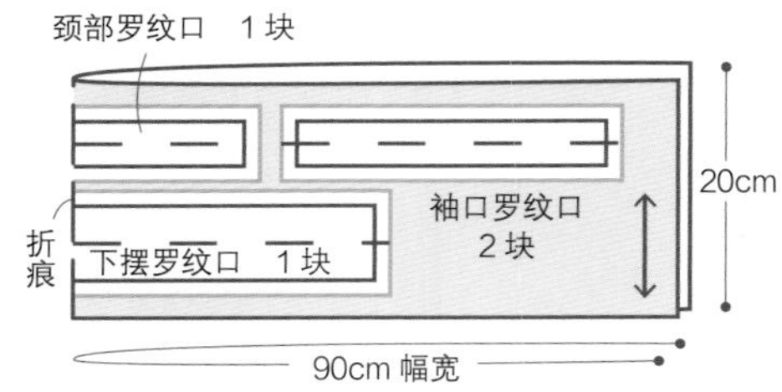


## [改良款式 5]

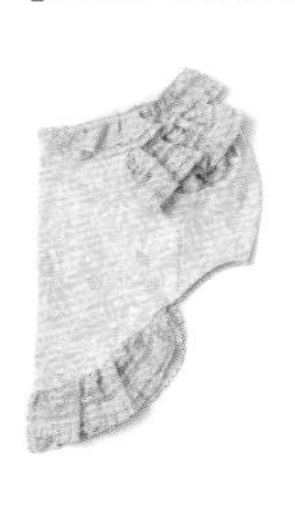

←针织布料A…天竺棉

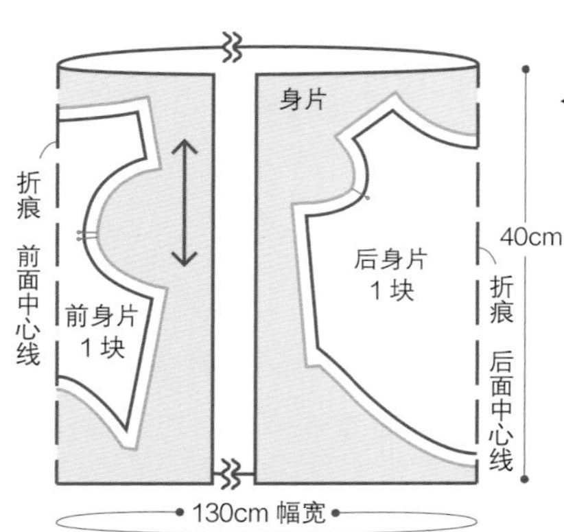


↓针织布料B…针织蕾丝

※ 袖子用荷叶边为原长度的 2/3。

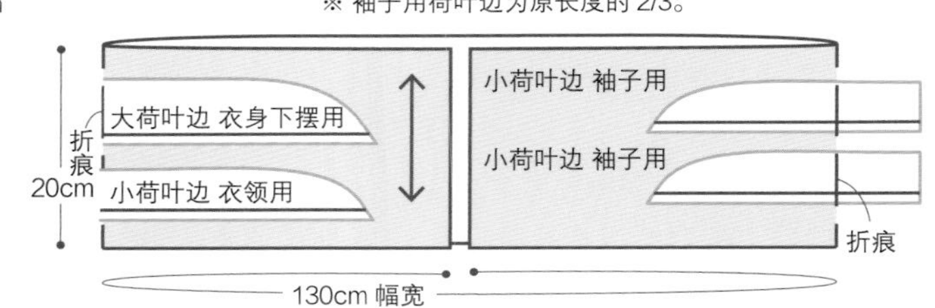


※ 图纸尺寸为 S。其他尺寸请参照 p37 的成品尺寸表。

## [改良款式 6]

↓针织布料A…天竺棉

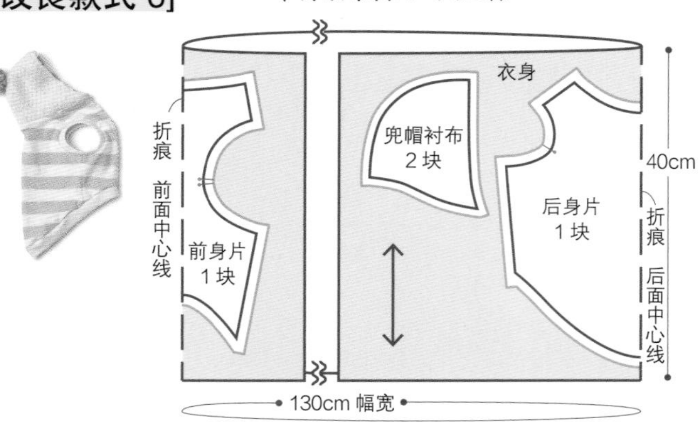


折痕

兜帽表布 2 块

20cm

130cm 幅宽

←兜帽表布 …爆米花针织布料 （羊毛布料）

↓针织布料B…罗纹平织布

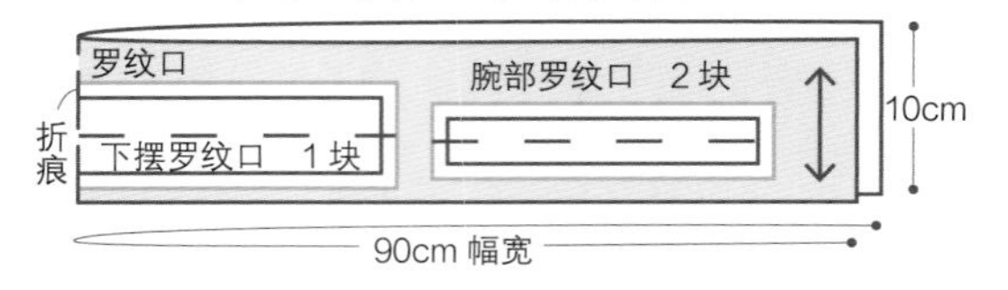


※ 图纸尺寸为 S。其他尺寸请参照 p37 的成品尺寸表。

# T-SHIRT

## T恤

### Basic
### - 基本款 -

在做无袖背心时，一旦能够熟练地拼接罗纹口，
而且成品效果平整均匀，
就可以试着挑战一下带袖子的T恤了！
一定要分清楚左右袖子。
还要注意避免袖口伸缩变形！
拼接袖子时，目标是要让袖下线与衣身的侧边线呈完美的十字状交叉！

制作方法 » p52

# B T恤 基本款

## ■材料

- 针织布料 A（天竺棉、罗纹针织布等）…前身片、后身片、袖子用
- 针织布料 B（罗纹针织坑条布或氨纶罗纹针织布，或与衣身的布料相同）…颈部罗纹口、腕部罗纹口用
- 线…尼龙线（针织专用缝纫线）：上线；羊毛线：下线

※ 使用锁边机时，选用锁边专用的 4 股短纤纱线。

## ■准备工作

1. 画好图纸，参照裁剪方法图留出缝份（除指定以外均为 1cm）。
2. 计算用量，购买布料。
3. 配置图纸，仔细地裁剪布料。

## ■基本款裁剪方法图

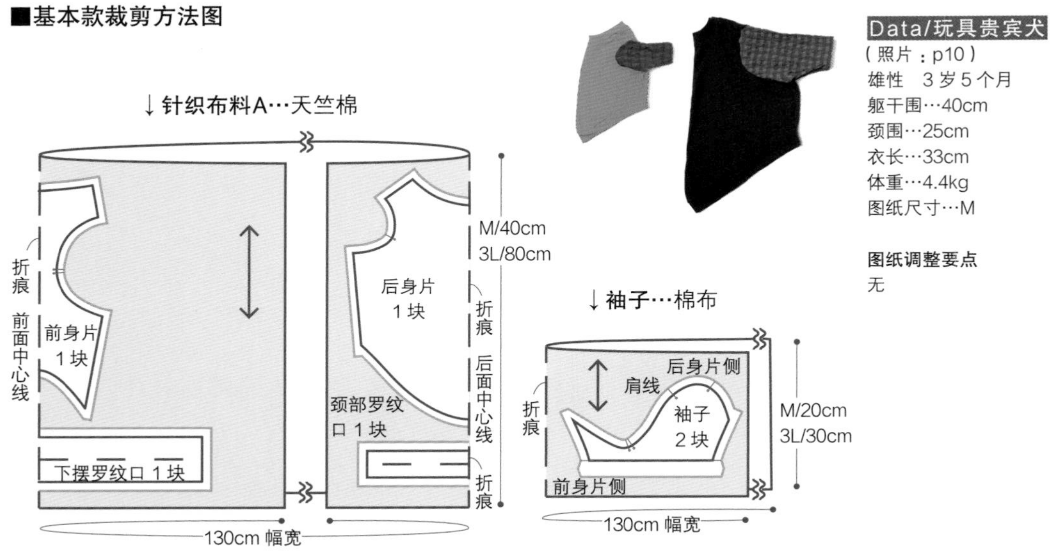


**Data/玩具贵宾犬**
（照片：p10）
雄性　3 岁 5 个月
躯干围…40cm
颈围…25cm
衣长…33cm
体重…4.4kg
图纸尺寸…M

**图纸调整要点**
无

**Data/普通贵宾犬**
（照片：p10）
雄性　9 岁
躯干围…68cm
颈围…39cm
衣长…45cm
体重…21kg
图纸尺寸…3L

**图纸调整要点**
将 3L 的图纸扩大到 109%

## ■成品尺寸

布料尺寸（单位：cm）

| 尺寸 | 衣长（A） | 躯干围（B） | 颈围（C） | 参照体重（kg） | 针织布料 A | 针织布料 B |
|---|---|---|---|---|---|---|
| 3S | 22 | 31 | 16 | 1.5～2 | 30 × 130 | 15 × 90 |
| S | 28 | 40 | 22 | 2～4 | 40 × 130 | 20 × 90 |
| M | 34 | 47 | 26 | 4～6 | 40 × 130 | 20 × 90 |
| L | 37.5 | 53 | 30 | 6～8 | 45 × 130 | 20 × 90 |
| 3L | 51 | 64 | 37 | 8～15 | 90 × 130 | 30 × 90 |
| 5L | 72 | 85 | 42.5 | 15～35 | 90 × 130 | 40 × 130 |
| DS | 33.5 | 40 | 22 | 3～4 | 45 × 130 | 15 × 90 |
| FB | 32.5 | 52 | 35 | 4～12 | 50 × 130 | 20 × 90 |

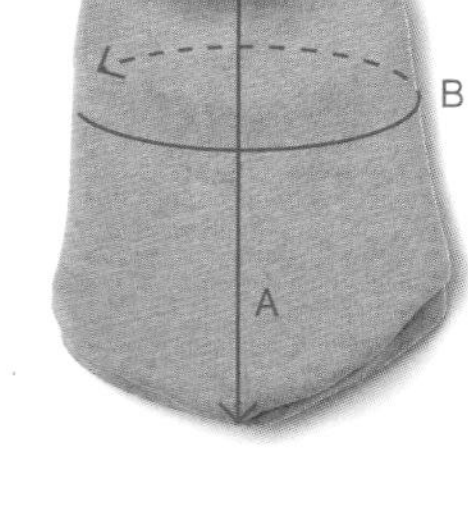


※ 注意：布料尺寸如表格所示标记为“尺寸 × 幅宽（130/90）”。每种布料的幅宽都不同，准备布料的时候多留出一些余量。

## ✂ 制作方法

### STEP 1. 制作袖子

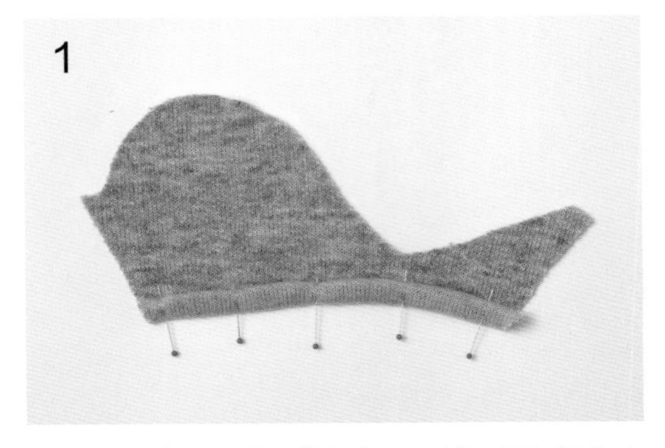


留出 2cm 宽的缝份，做好标记，袖口沿标记向内折叠成三折（参考 p30）。

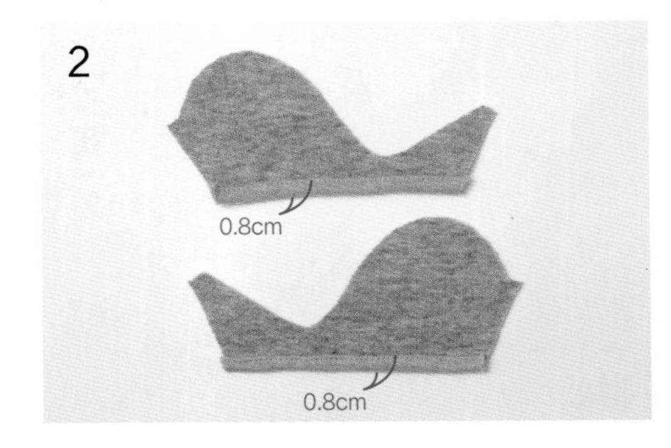


在距离袖口顶端 0.8cm 处直线缝。

正面朝内相对，沿“折痕”折叠，再用绷针固定。

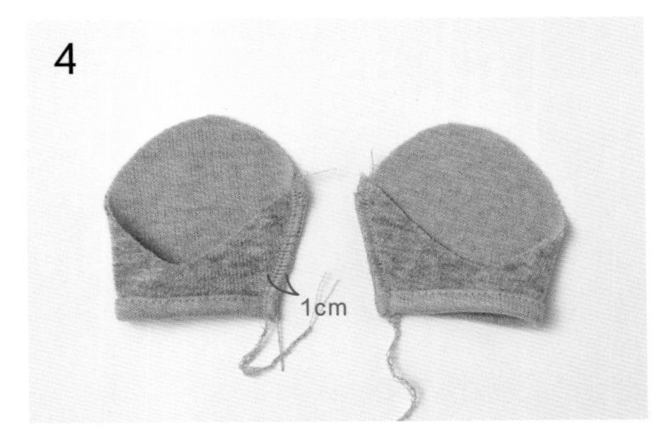


留出 1cm 的缝份，用锁边机缝好。

※ 顶端的线不用剪，穿入毛线用的缝衣针中。

用缝衣针将线头藏到针脚中，然后剪断。

把袖子翻到正面。

## STEP 2. 把袖子缝到衣身上

1

按照无袖背心 STEP1 ～ 2 的方法，将前身片与后身片正面朝内合拢，缝合侧边和肩部（参照 p38）。

2

将袖子与衣身对齐合拢，正面朝内重叠，用绷针固定。注意不要弄混左右袖子。

3

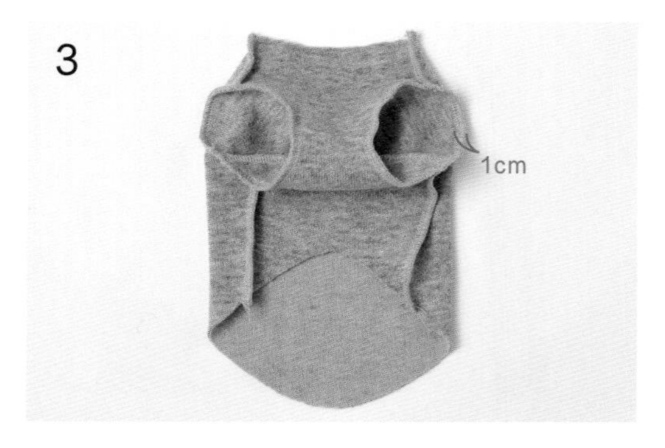


留出 1cm 的缝份，用锁边机将袖口缝合。

## STEP 3. 制作罗纹口，缝好

1

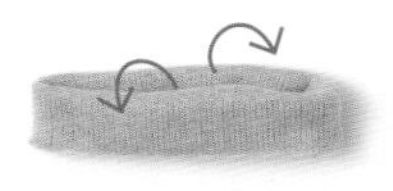


按照图片所示，制作颈部罗纹口、下摆罗纹口时，正面朝内相对，折出“折痕”，在距离顶端 1cm 的位置缝合。分开缝份后正面朝外对折。

2

颈部罗纹口的缝合线与衣身任意一侧的肩线对齐，均匀地插入绷针，固定。

留出 1cm 的缝份，用锁边机缝好。

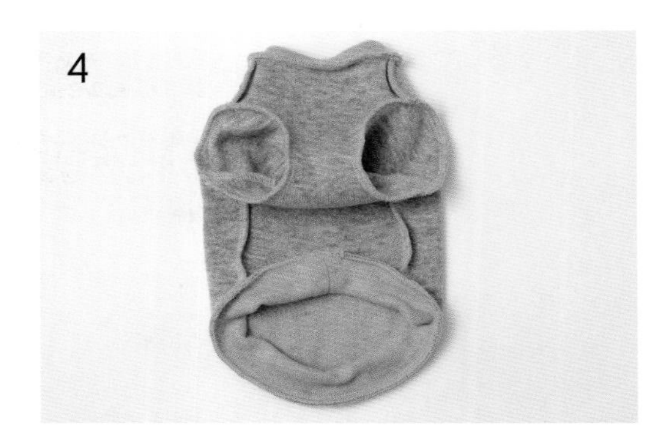


下摆罗纹口的缝合线与前片中心对齐，然后按照拼接颈部罗纹口的方法，留出 1cm 的缝份，用锁边机缝合。

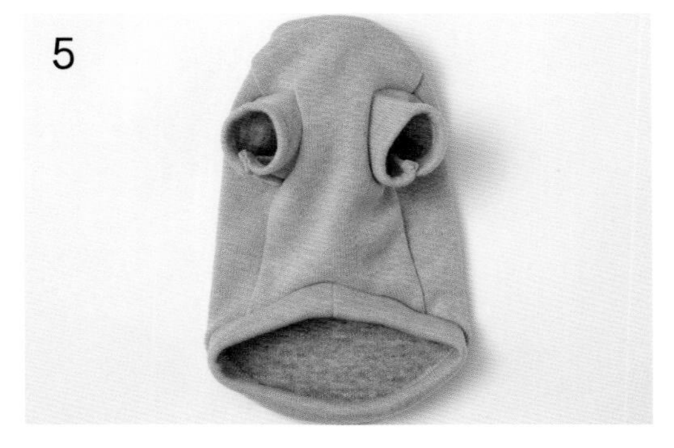


翻到正面，完成。

## 变化一下

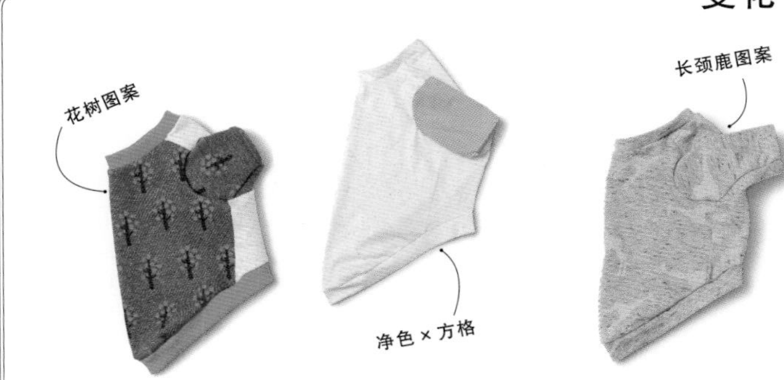


### 多种配色

仅前身片采用净色，或者仅袖子采用方格，充分享受配色的乐趣。既可以做成短袖，也可以做成长袖，根据季节随心改变！

B T恤 掌握基本要领之后

# 来挑战改良款式吧！

## Intermediate
## - 中级 -

与无袖背心一样，T恤也可以加入水洗唛、布贴等。重点是风格统一。
另外，袖子和罗纹口部分可以挑战一下用长绒棉等难度较高的布料！

[改良款式 1]

[改良款式 2]

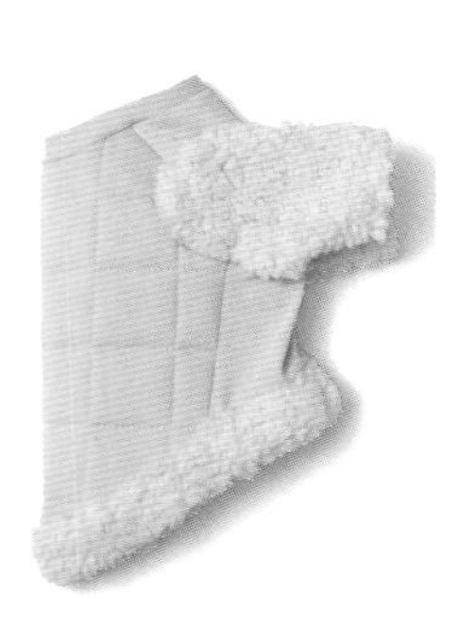
[改良款式 3]

## Advanced
## - 高级 -

对于想要进一步提高手工制作技能的高手来说，可以加入拼布技巧。
还可以运用更高级的技巧，加入荷叶边、兜帽等。

[改良款式 4]

[改良款式 5]

[改良款式 6]

与无袖背心一样，用水洗唛、嵌花图案打造更多样的 T 恤吧！
避免杂乱的重点在于风格要统一。
先决定好材料、颜色以及要打造的整体风格，再从众多素材中仔细挑选。
袖子和罗纹口部分可以尝试挑战一下难度较高的布料，比如长绒棉。
制作无袖背心时介绍的改良方法同样可以运用到 T 恤上。

制作方法 » p58

# T-SHIRT
## T 恤
**Intermediate**

- 中级 -

中级

B T恤 改良款式 1

# 拼接水洗唛和嵌花图案

照片 » p9、p57

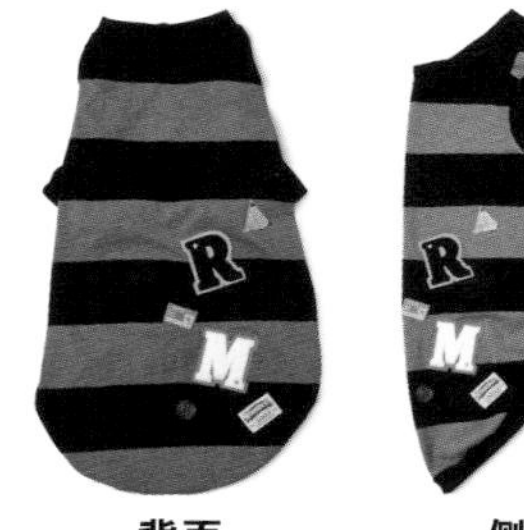

背面　侧面

将自己喜欢的水洗唛和嵌花图案放到T恤上，确定位置，最好用胶带暂时固定。

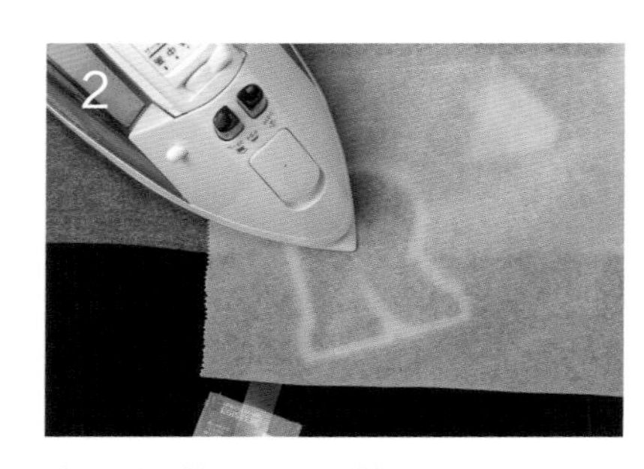


处理熨烫粘合式的辅料时，先在上面放一块垫布，再用熨斗熨烫粘合。差不多粘紧后，再从反面用熨斗用力压一下。

水洗唛的四个边角用手缝的方式缝好。

中级

B T恤 改良款式 2

# 拼接绒球

照片 » p11

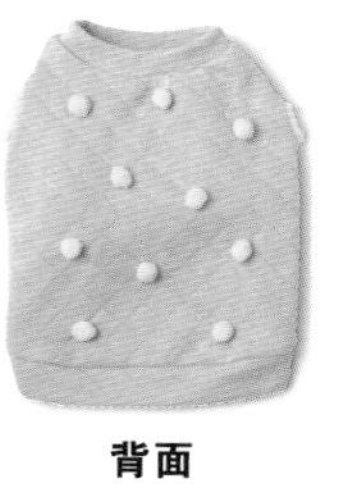

背面　侧面

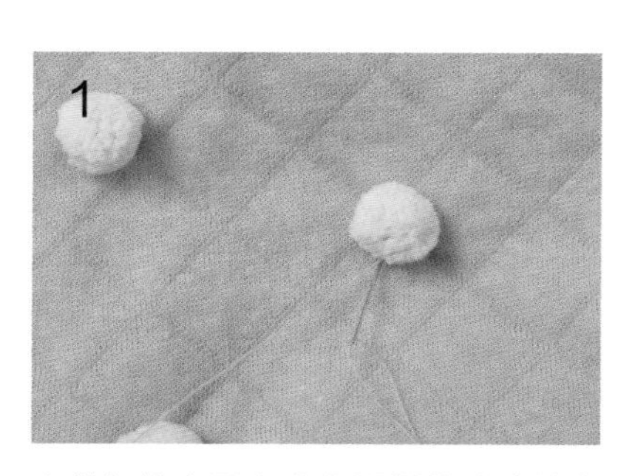


在做好的衣服上确定要拼接绒球的位置，然后用手缝线和手缝针将绒球缝好。

中级

B T恤 改良款式 3 **绗缝**

背面

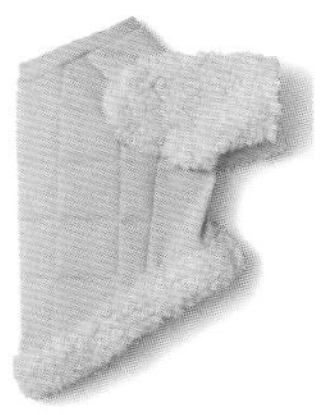

侧面

## 绗缝的方法

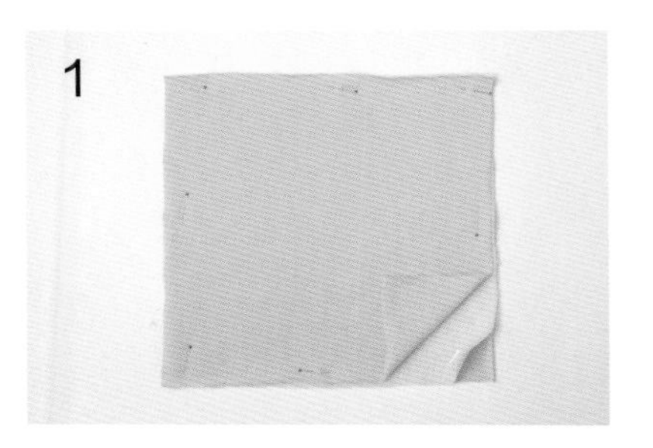


在衣身所用的布料之间夹入一块铺棉，用绷针固定。

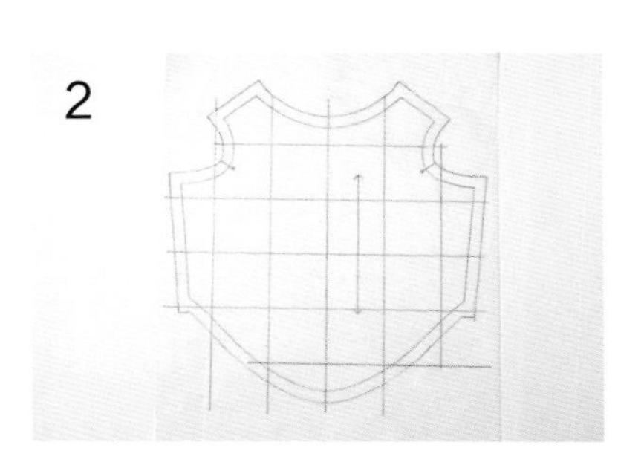


在画好图样的透写纸上依照自己的喜好画几条绗缝线。

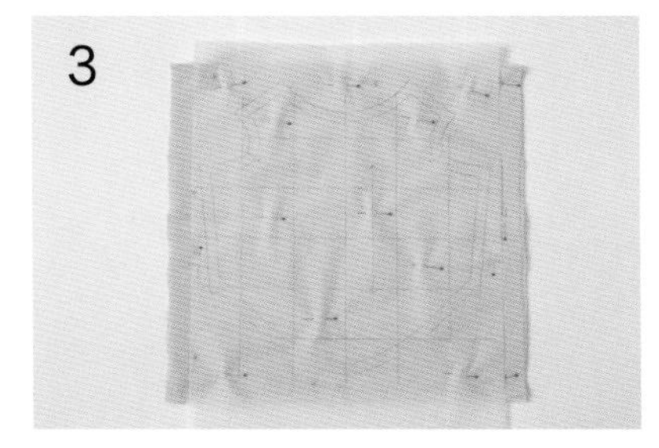


将透写纸放到步骤 1 上，用绷针固定。

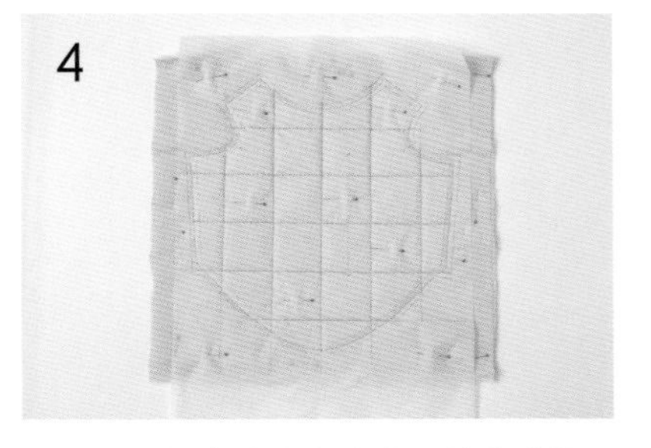


先用缝纫机车缝出绗缝线，针脚稍微大一些。遇到缝份时，针脚可以从缝份的正中央穿过。

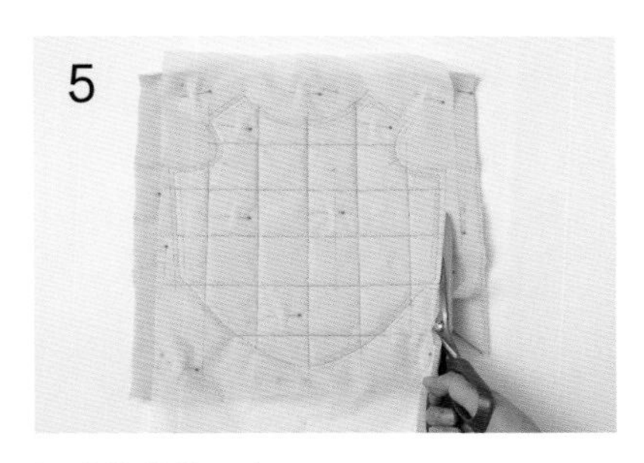


沿缝份线剪下来。

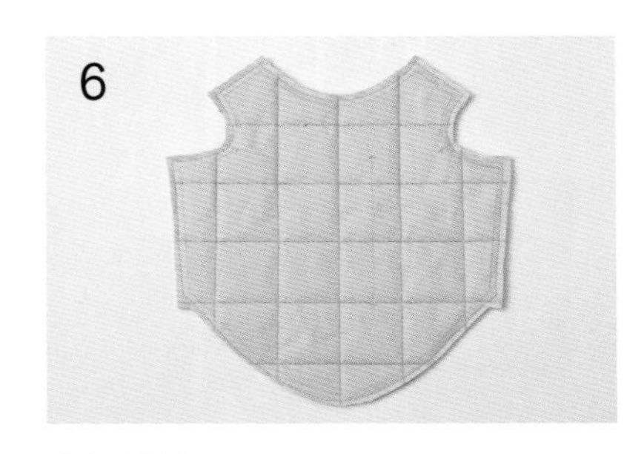


剪好后如图。

揭掉透写纸。

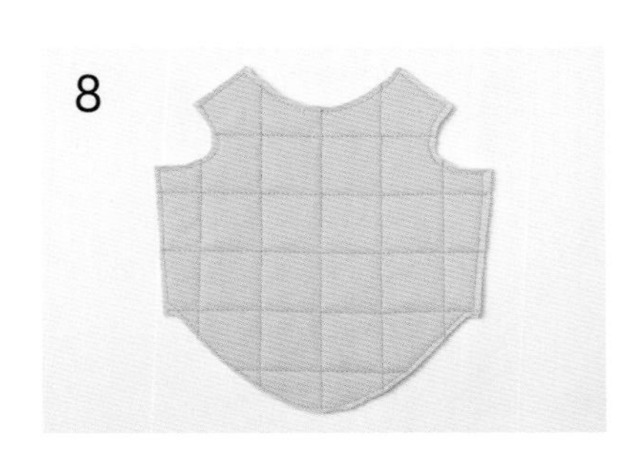


揭掉透写纸后如图所示。之后的步骤与基本款 T 恤的制作方法相同（参照 p53）。

# 模特狗狗所用的图纸、调整要点和裁剪方法图

## [ 改良款式 1]

**Data/ 金毛寻回犬**
（图片：p9、p57）
雄性　9 岁 1 个月
躯干围…80cm
颈围…46cm
衣长…72cm
体重…33kg
图纸尺寸…5L

**图纸调整要点**

将 5L 图纸的躯干围、颈围扩大 2cm，颈部罗纹口扩大 2cm 后使用。

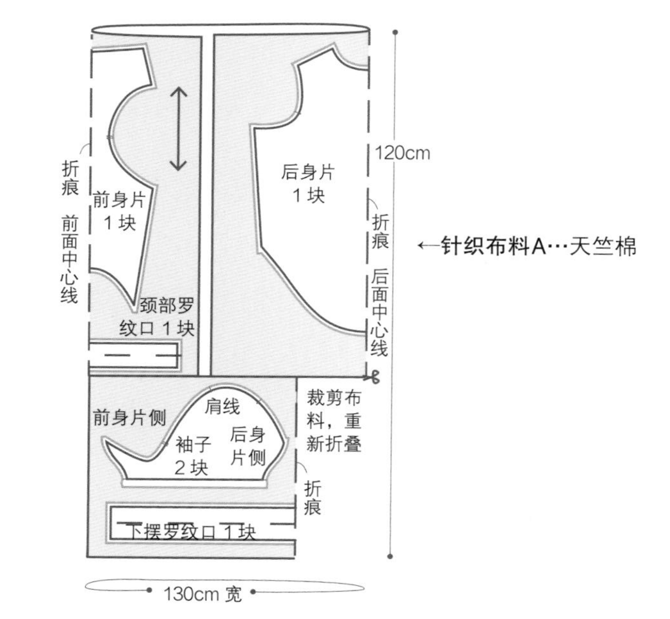


## [ 改良款式 2]

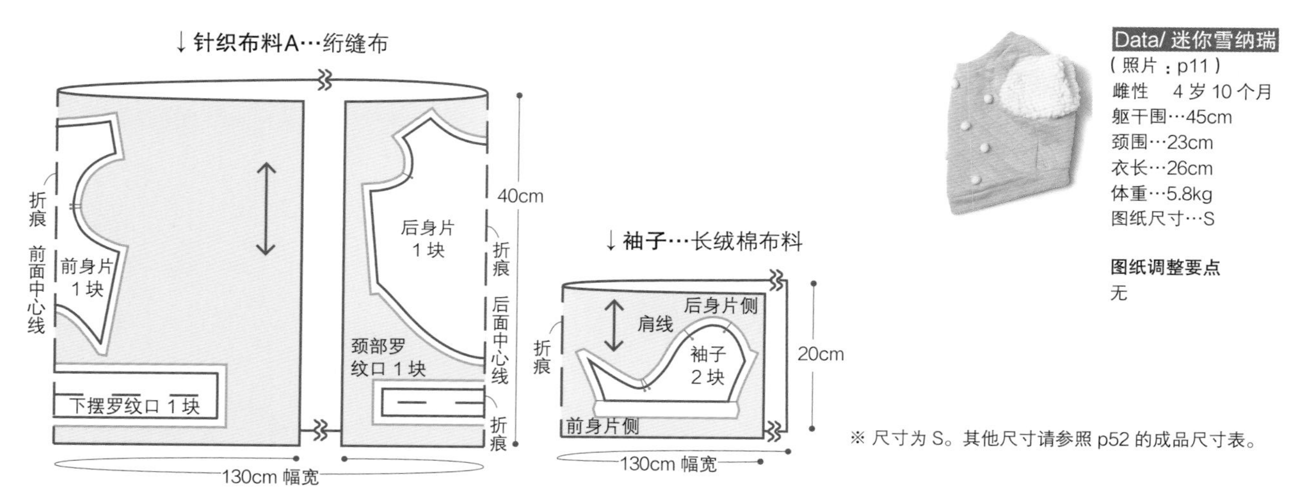


**Data/ 迷你雪纳瑞**
（照片：p11）
雌性　4 岁 10 个月
躯干围…45cm
颈围…23cm
衣长…26cm
体重…5.8kg
图纸尺寸…S

**图纸调整要点**

无

※ 尺寸为 S。其他尺寸请参照 p52 的成品尺寸表。

## [ 改良款式 3]

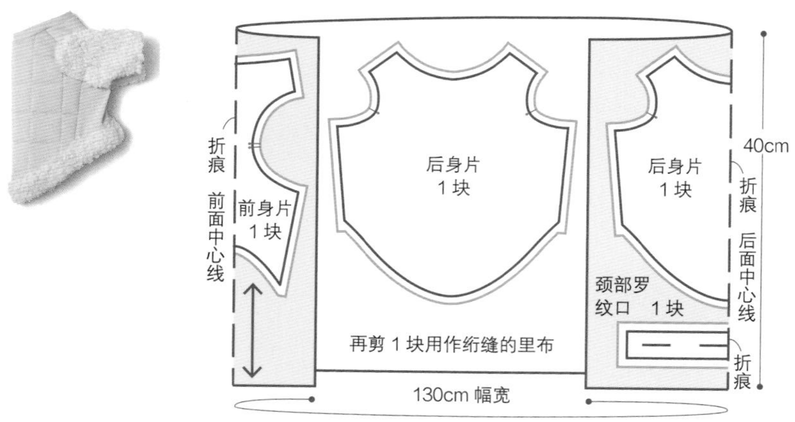


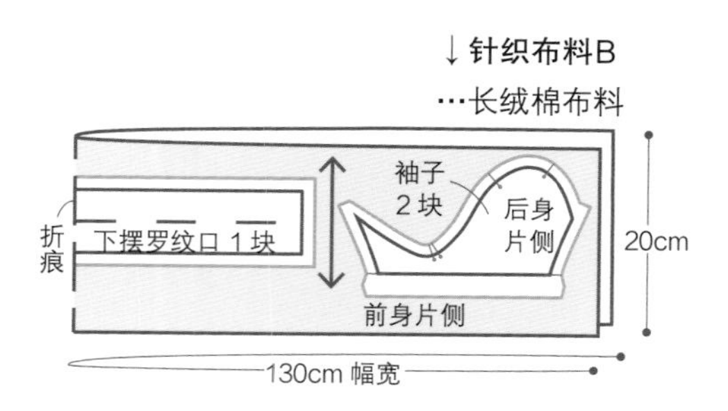


※ 尺寸为 S。其他尺寸请参照 p52 的成品尺寸表。

# T-SHIRT

## T恤

**Advanced**

**- 高级 -**

下面再介绍一些图纸，旨在做出更具个性的作品！
选择什么样的布料更容易缝，什么样的布料更合适……
一边思考这些问题一边缝制，
挑选布料的经验就会慢慢丰富起来。
这种布料具有一定的厚度，要选择几号针？
这种布料具有伸缩性，要小心一些……
把提前能想到的问题都记在心里，
挑战一下难度更高的作品吧！

制作方法 » p62

高级

B T恤 改良款式 5 拼接荷叶边

图片 » p61

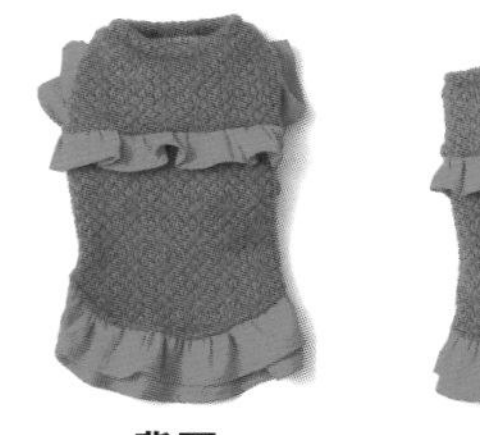
背面

侧面

## STEP 1. 制作荷叶边

※ 袖子的荷叶边长度为小荷叶边长度的 2/3（见图纸），需裁剪后使用。

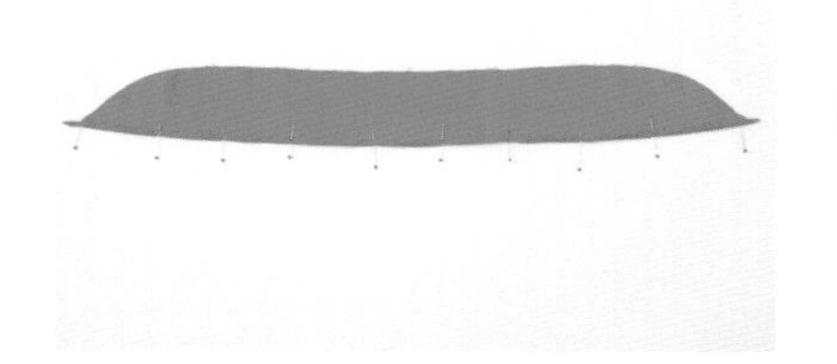

1 将荷叶边的长边三折（参考 p30）。

※ 下摆所用的 2 块荷叶边以及领肩、袖山所用的荷叶边都用同样的方法处理。

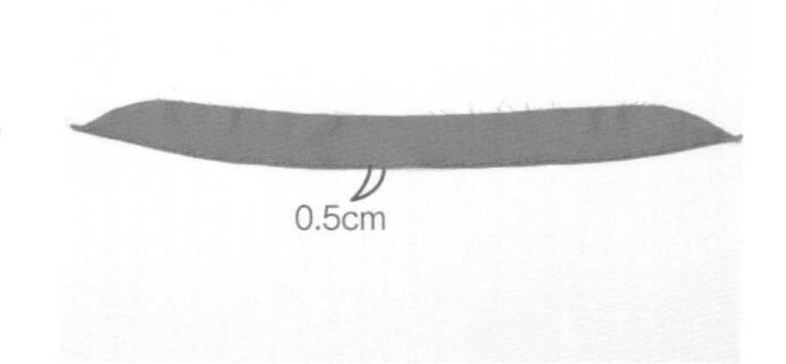


2 在正面压线。

3 在荷叶边的另一条边，用缝纫针压出两条线，针脚稍微粗一些，用于制作褶皱。

放大

4 拉动线，做出褶皱。此时，需根据拼接位置来决定长度。

## STEP 2. 在后领肩处拼接荷叶边

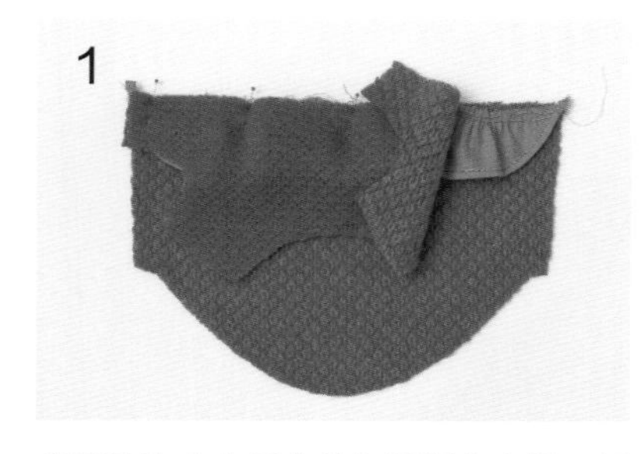

1 将荷叶边夹在后身片与后领肩之间，正面朝内相对合拢，用绷针固定。

2 留出 1cm 的缝份，用锁边机缝合。

3 缝份倒向后领肩侧，熨烫调整形状。

## STEP 3. 在袖山处拼接荷叶边

1 先将后身片、前身片的侧边线与肩部缝合。

2 在袖窿的任意位置将荷叶边与袖子正面朝内相对合拢，暂时固定。

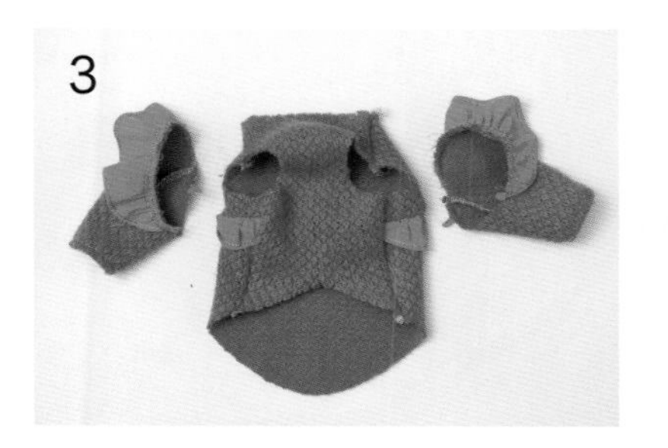


将荷叶边拼接到两只袖子上。
※ 注意左右袖子不要弄混。

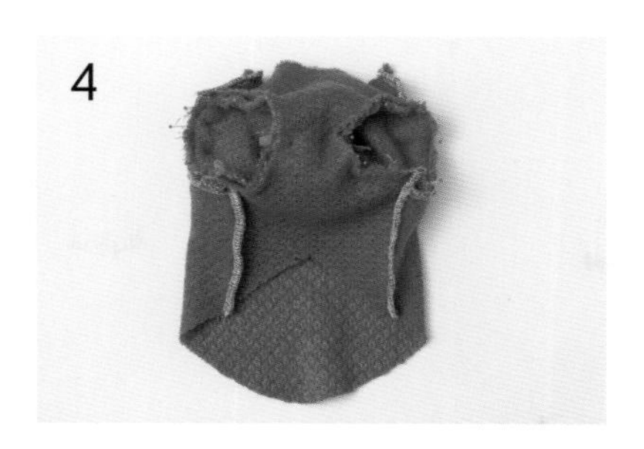


袖子与衣身正面朝内相对合拢，用绷针固定。

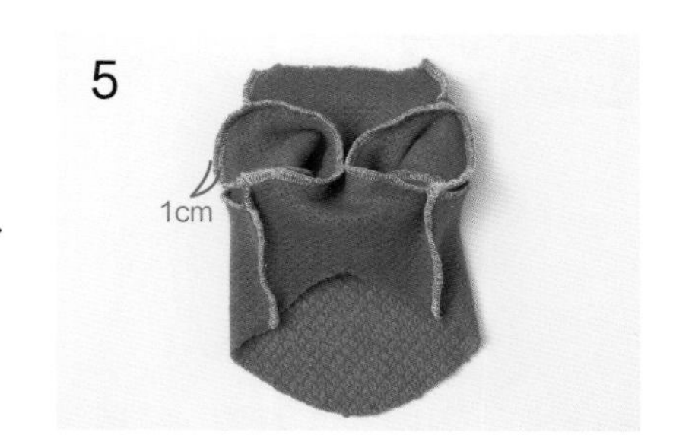


留出 1cm 的缝份，用锁边机缝合。缝一圈，袖子就拼接好了。

## STEP 4. 在下摆拼接荷叶边

先在下摆用的荷叶边上压出两根线，针脚粗一些，用于制作褶皱。然后将荷叶边与后身片的下摆对齐，制作出褶皱。

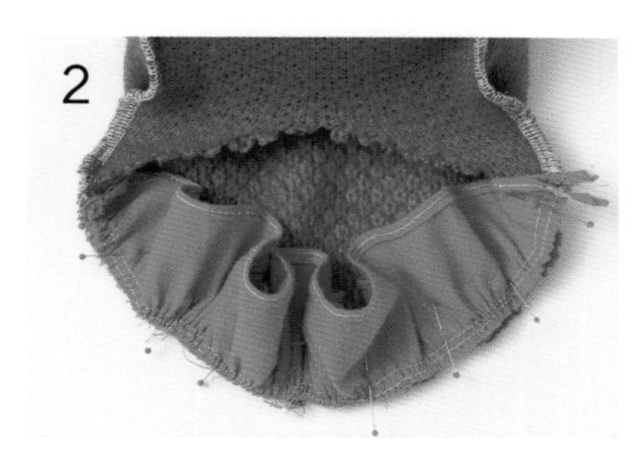


后身片的下摆与荷叶边正面朝内相对合拢，用绷针固定。

留出 1cm 的缝份，用锁边机缝合。

将缝份倒向衣身侧，折叠前身片的缝份，用绷针固定。

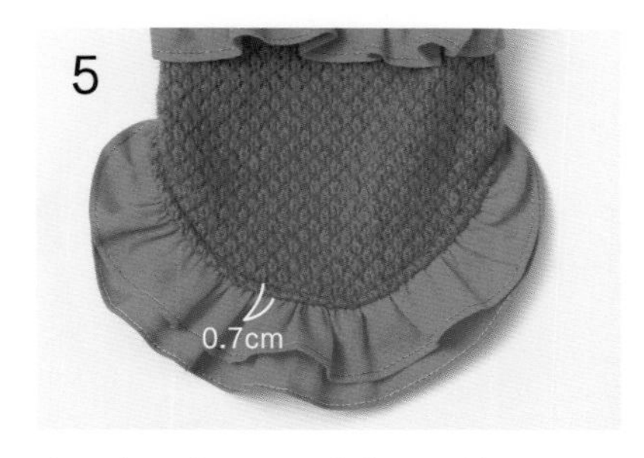


在距离顶端 0.7cm 的位置压线。

高级

B T恤 改良款式 6 **拼接兜帽**

背面

侧面

## STEP 1. 兜帽的表布与里布对齐合拢

准备好兜帽的表布与里布。

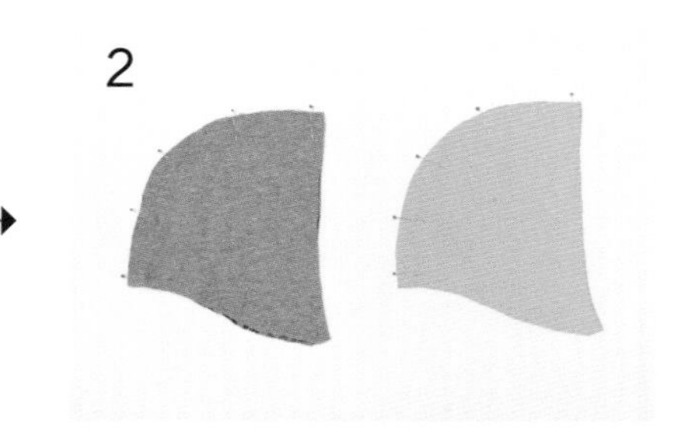

分别将表布与表布、里布与里布正面朝内相对合拢，后面弧线部分用绷针固定。

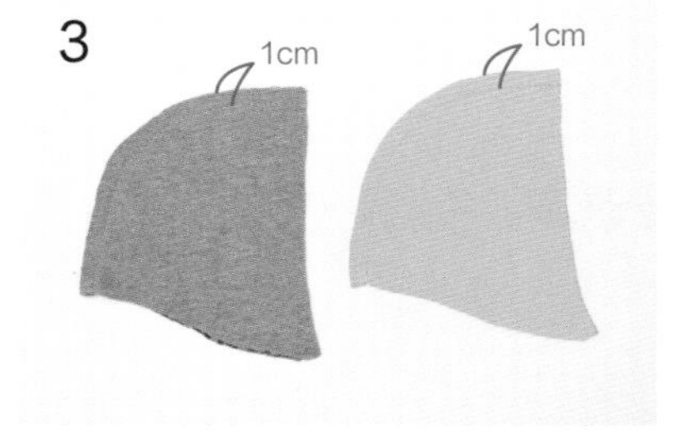

分别留出 1cm 的缝份，缝合。

分别将表布、里布的缝份分开，正面朝内相对合拢，用绷针固定。

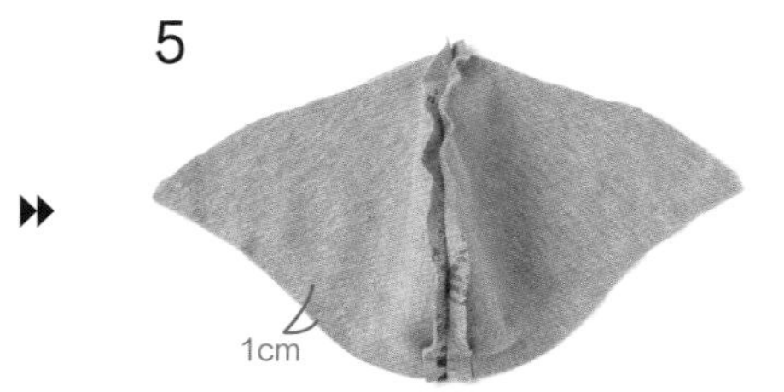

在兜帽靠近脸的部分，留出 1cm 的缝份，缝合。

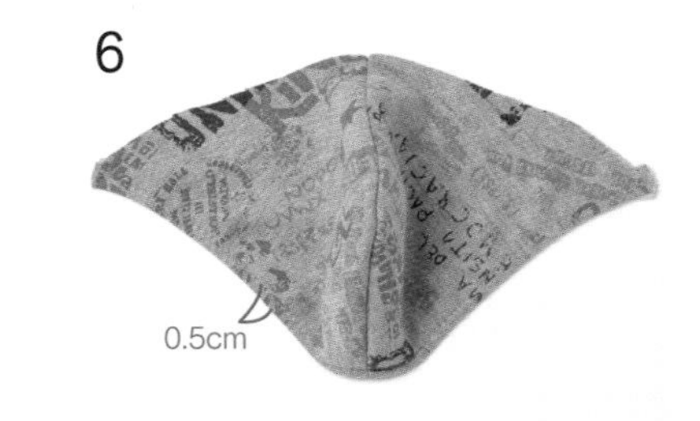

翻到正面，熨烫调整，在距离边缘 0.5cm 处压线。

## STEP 2. 领口重叠

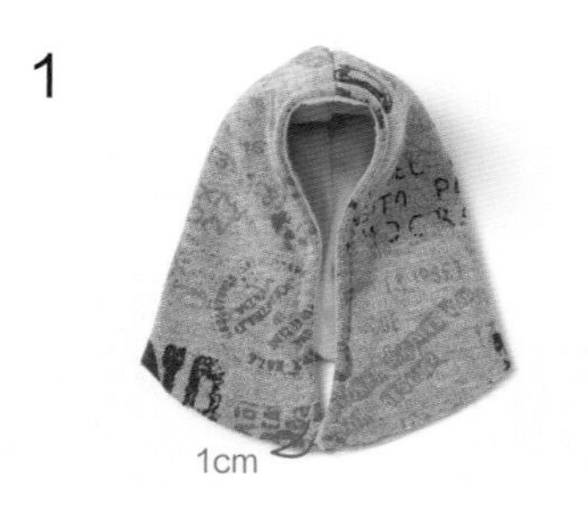

兜帽的领口部分重叠 0.5cm 左右，在距离顶端 1cm 处车缝。

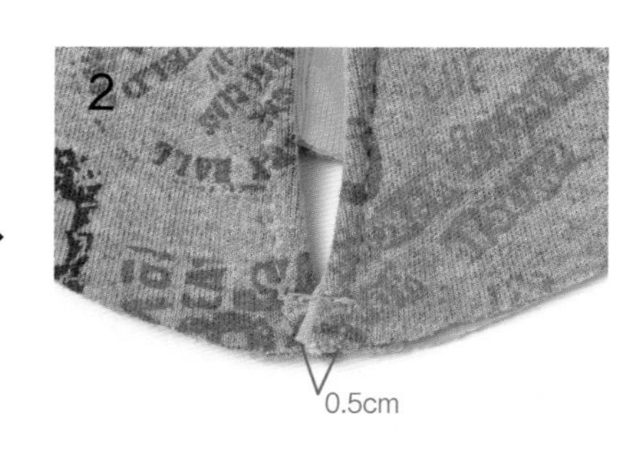

※ 放大看。先重叠 0.5cm，在 1cm 的缝份处形成漂亮的 V 字。

**制作无袖背心的兜帽步骤相同**

在无袖背心中拼接兜帽的要领也是一样的。可以在兜帽顶端拼接绒球，看起来更可爱。※p76 雨衣兜帽的拼接方法也相同。

# 模特狗狗所用的图纸、调整要点和裁剪方法图

## [改良款式 4]

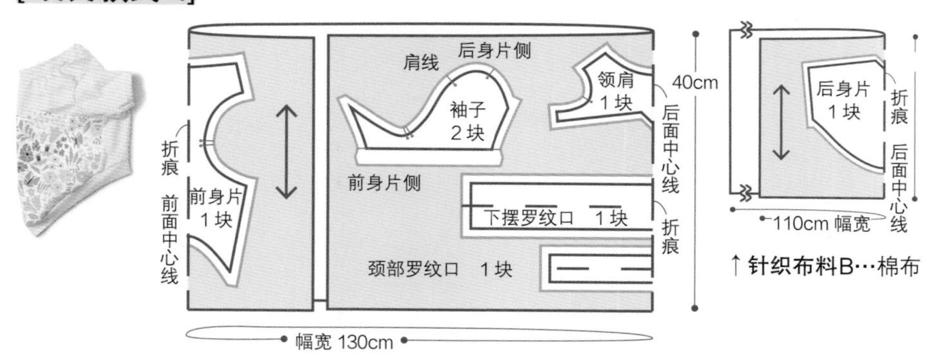


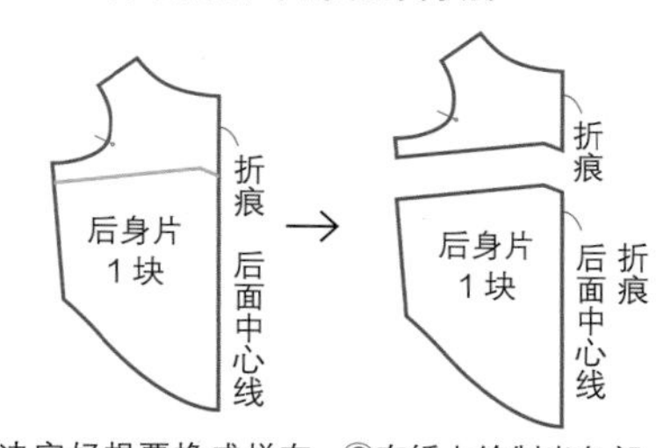


## [改良款式 5]

**Data/博美**
（照片：p61）
雄性 1岁7个月
躯干围…32cm
颈围…20cm
衣长…28cm
体重…2.3kg
图纸尺寸…S

**图纸调整要点**
无

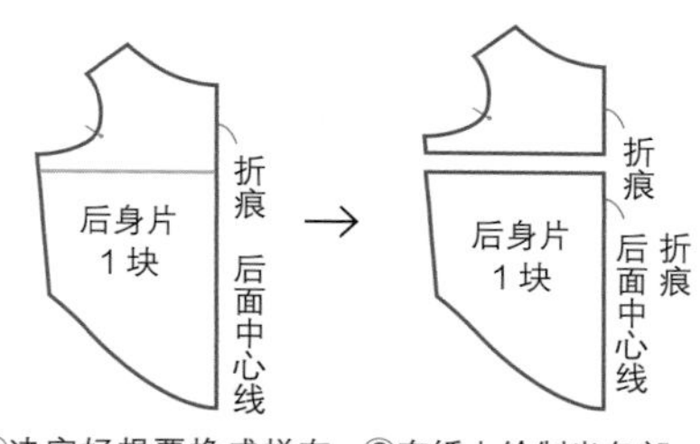


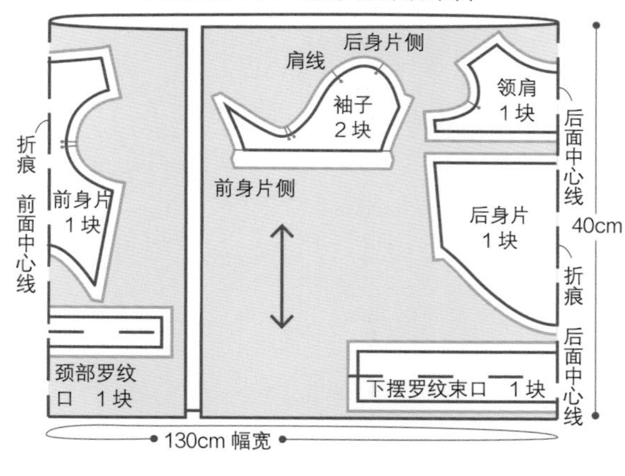


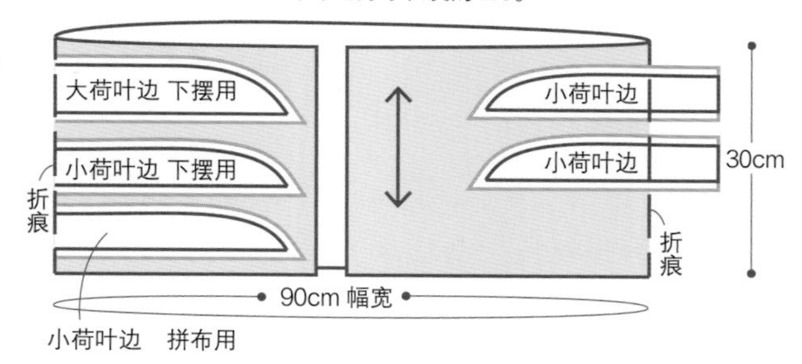


## [改良款式 6]

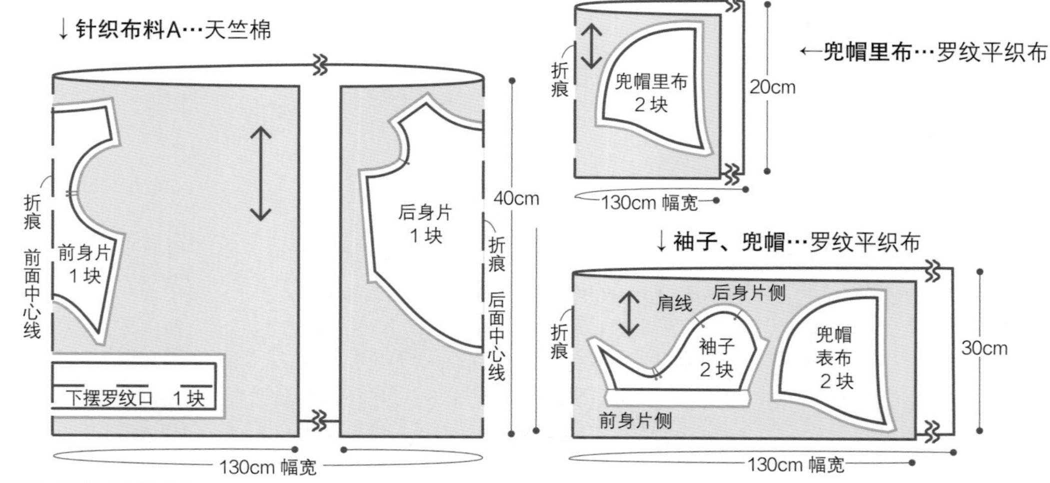


※ 尺寸为 S。其他尺寸请参照 p52 的成品尺寸表。

# RAGLAN
# 插肩式T恤

**Basic**
**- 基本款 -**

学完无袖背心、T恤之后，
我们再来挑战一下插肩式T恤吧！
袖子的形状和T恤不同，需要特别注意。
记得分清左右哦。
拼接袖子时，目标是要让袖下线与衣身的侧边线呈完美的十字状交叉！
下摆处的三折也具有一定的挑战性。
熨烫时多练习几次，避免布料错开。

制作方法 » p67

# C 插肩式T恤 基本款

## ■材料

- 针织布料A（天竺棉、罗纹针织布等）…前身片、后身片、袖子用
- 针织布料B（罗纹针织坑条布或氨纶罗纹针织布，或与衣身的布料相同）…颈部罗纹口用
- 线…尼龙线（针织专用缝纫线）：上线；羊毛线：下线

※ 使用锁边机时，选用锁边专用的4股短纤纱线。

## ■准备工作

1. 画好图纸，参照裁剪方法图留出缝份（除指定以外均为1cm）。
2. 计算用量，购买布料。
3. 配置图纸，仔细地裁剪布料。

## ■基本款裁剪方法图

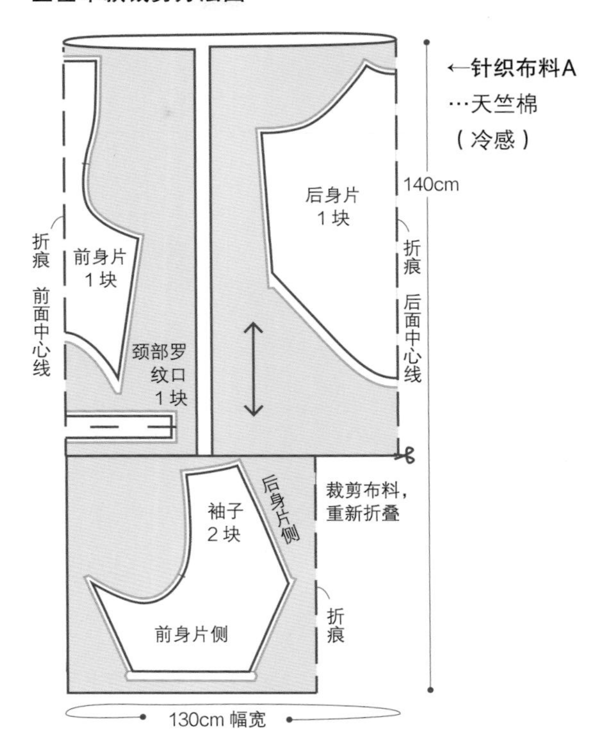

**Data/金毛寻回犬**
（照片：p66）
雄性 9岁1个月
躯干围…80cm
颈围…46cm
衣长…72cm
体重…33kg
图纸尺寸…5L

**图纸调整要点**
将5L图纸的躯干围、颈围扩大2cm，颈部罗纹口扩大2cm后使用。

## ■成品尺寸

布料尺寸（单位：cm）

| 尺寸 | 衣长（A） | 躯干围（B） | 颈围（C） | 参照体重（kg） | 针织布料A |
|---|---|---|---|---|---|
| 3S | 19 | 31 | 16 | 1.5～2 | 30×130 |
| S | 25 | 40 | 22 | 2～4 | 40×130 |
| M | 30 | 47 | 26 | 4～6 | 45×130 |
| L | 33.5 | 53 | 30 | 6～8 | 50×130 |
| 3L | 46 | 64 | 37 | 8～15 | 100×130 |
| 5L | 66 | 85 | 42.5 | 15～35 | 140×130 |
| DS | 31 | 40 | 22 | 3～4 | 50×130 |
| FB | 31 | 52 | 35 | 4～12 | 50×130 |

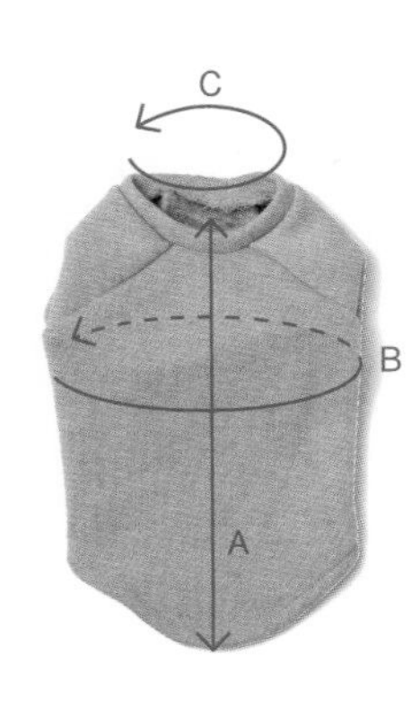


※ 注意：布料尺寸如表格所示，标记为"尺寸×幅宽（130/90）"。每种布料的幅宽都不同，准备布料的时候多留出一些余量。

## ✂ 制作方法

### STEP 1. 制作袖子

1

留出 2cm 宽的缝份，做好标记，袖口沿标记向内折叠成三折（参考 p30）。

2

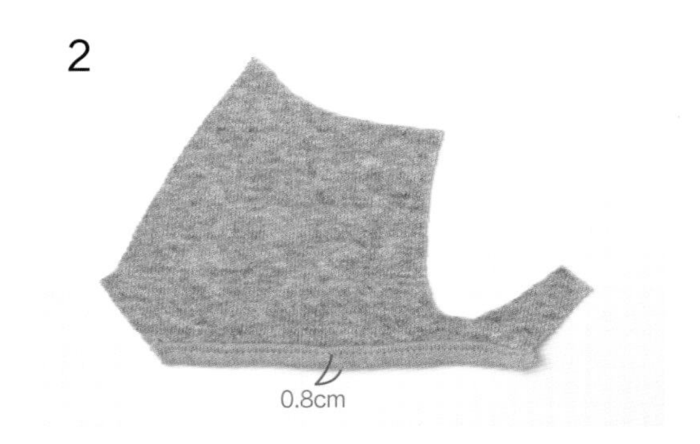


在距离袖口顶端 0.8cm 处直线缝。

3

正面朝内相对，沿“折痕”折叠，再用绷针固定。

4

留出 1cm 的缝份，用锁边机缝好。

※ 顶端的线不用剪，穿入毛线用的缝衣针中。（参照 p53）

5

把袖子翻到正面。

## STEP 2. 缝合侧边

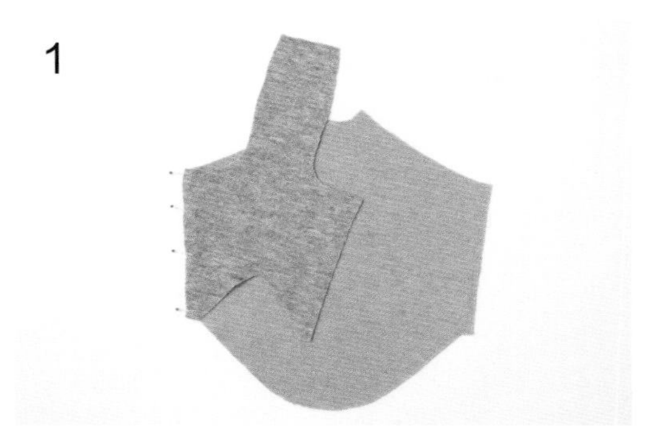


前身片与后身片的侧面正面朝内对齐重叠，用绷针固定。

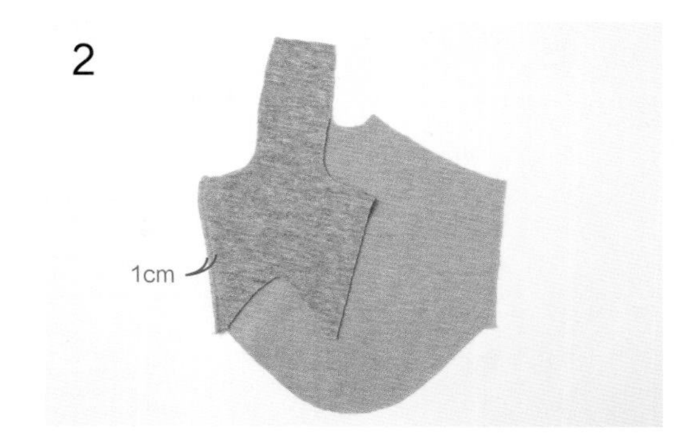


留出 1cm 的缝份，用锁边机缝合。另一侧也用同样的方法缝合。

## STEP 3. 缝合袖子

袖子与衣身正面朝内对齐重叠，注意不要弄混左右袖子，然后用绷针固定。

留出 1cm 的缝份，用锁边机缝合袖窿。

## STEP 4. 制作颈部罗纹口，缝合

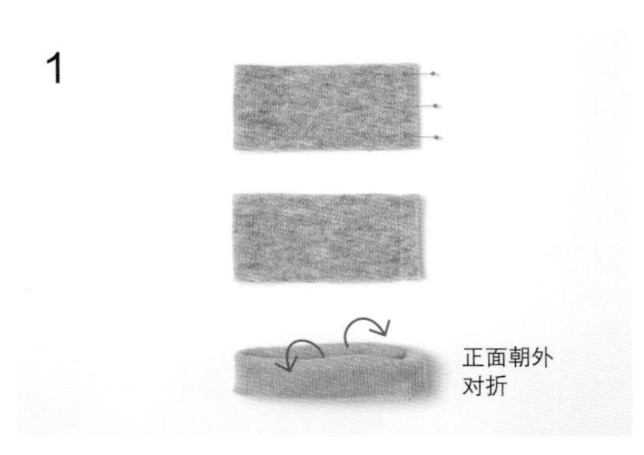


按照图片所示，将颈部罗纹口正面朝内相对，折出“折痕”，在距离顶端 1cm 的位置缝合。分开缝份后正面朝外对折。

颈部罗纹口的缝合线与衣身任意一侧的肩线对齐，均匀地插入绷针，固定。

3

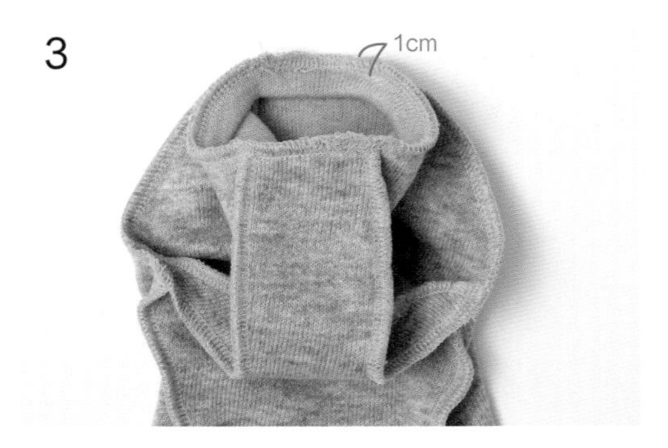


留出 1cm 的缝份，用锁边机缝好。

## STEP 5. 缝下摆

1

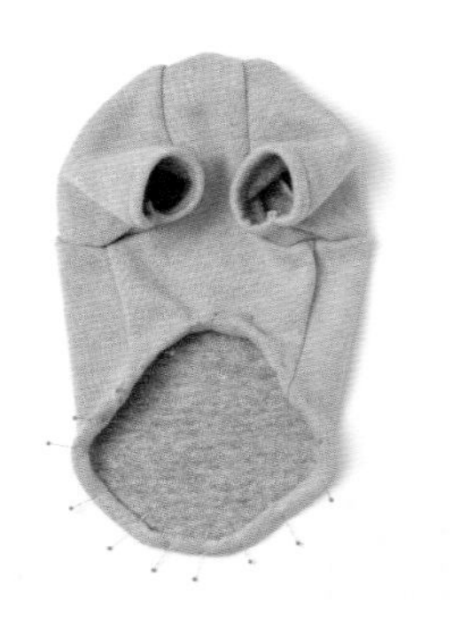

下摆留出 2cm 的缝份折叠成三折（参考 p30），熨烫后用绷针固定。

2

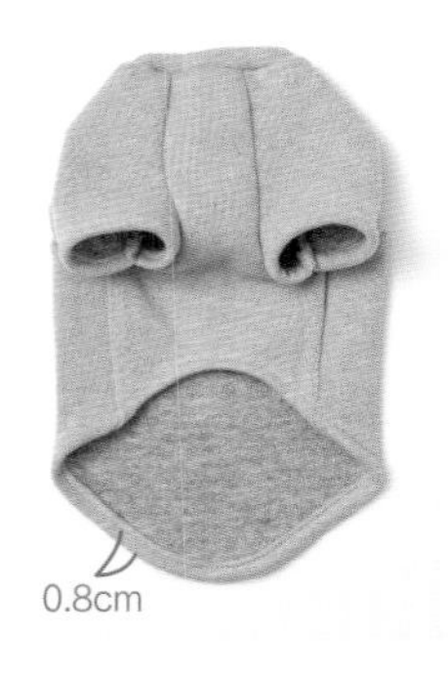


在距离下摆顶端 0.8cm 处压线。

## 完成！

**BACK**
背面

**SIDE**
侧面

### 变化一下

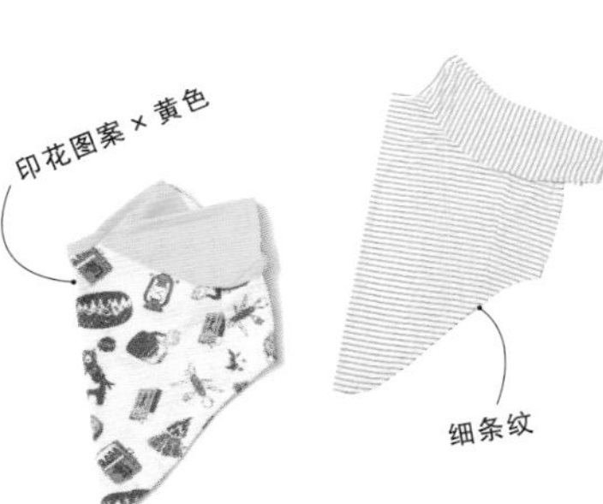

**多种配色**

印花图案与黄色的搭配给人元气满满的印象。或者可以用提花图案挑战一下北欧风格，也非常有意思哦！

C 插肩式T恤 掌握基本要领之后

# 来挑战改良款式吧！

**Intermediate**

## - 中级 -

掌握基本款的制作方法之后，试着来挑战改良款式吧。
可以考虑用花边在袖窿处做绲边处理，丰富插肩袖的设计。
还可以试着挑战与条纹等多种图案搭配！

[改良款式 1]

[改良款式 2]

[改良款式 3]

**Advanced**

## - 高级 -

挑战使用防水布、蕾丝布料等难度较高的材料。
制作无袖背心和T恤时介绍的改良方法同样可以运用在插肩式T恤上。

[改良款式 4]

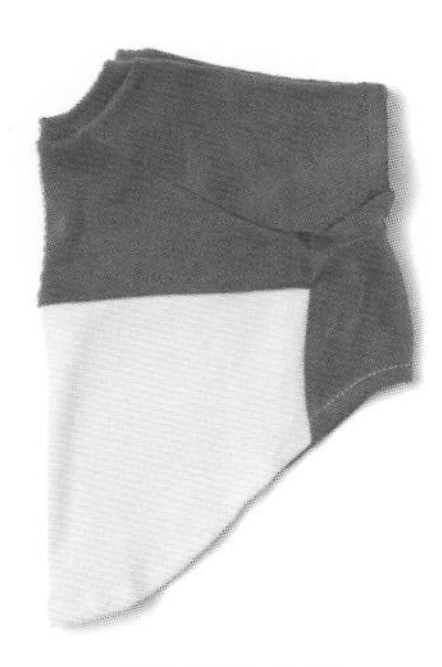

[改良款式 5]

[改良款式 6]

# RAGLAN
## 插肩式T恤
Intermediate
- 中级 -

掌握基本款的制作方法之后，试着来挑战改良款式吧。
可以考虑用花边在袖窿处做绲边处理，丰富插肩袖的设计。
还可以试着挑战与条纹等多种图案搭配！
从技术角度来说，缝的时候要注意避免袖口、下摆处伸缩变形。
确定好设计，考虑清楚制作顺序，并一一记录在制作笔记中。

制作方法 » p73

中级

C 插肩式T恤 改良款式1 **加入嵌花图案和铆钉**

照片 » p12、p72
（裁剪方法图参照 p74，布料尺寸为 130cm × 50cm）

背面

侧面

## STEP 1. 加入嵌花图案

裁剪后身片。

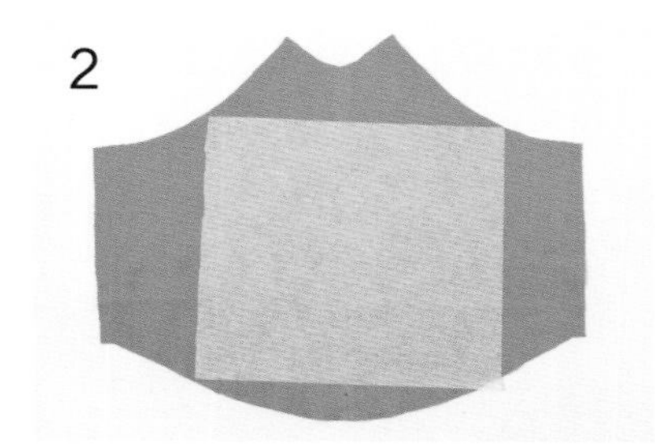

在需要拼接嵌花图案的反面贴上黏合衬。

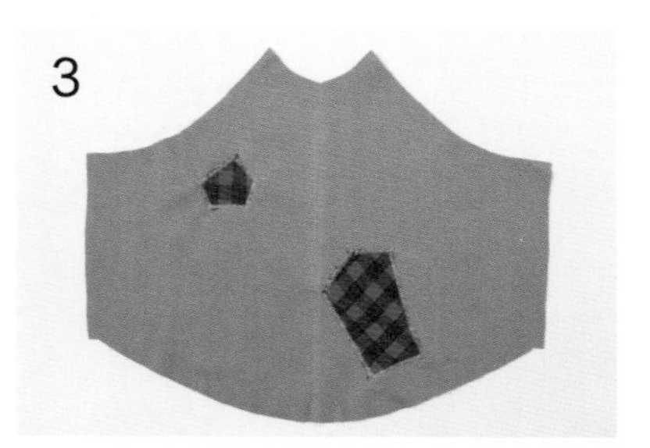

将布片剪成自己喜欢的形状，缝出锯齿形针迹。
※ 在布片周围缝出锯齿形针迹。

把毛毡布料也剪成自己喜欢的形状，在后身片上放好后用手缝的方法固定。
※ 毛毡顶端不会散开，不需要缝出锯齿形的针迹。

## STEP 2. 加入铆钉

用热熔笔将熨烫粘合式的铆钉固定在毛毡布上。
※ 反面也需用熨斗仔细熨烫。

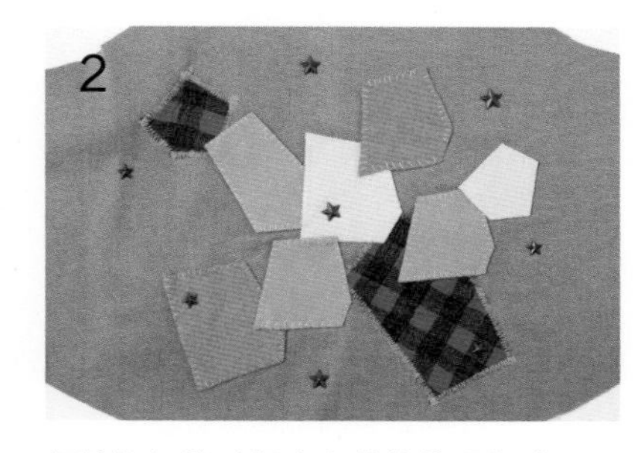

摆放铆钉的时候注意整体的平衡感。
※ 最后揭掉布料反面的黏合衬。

## ARRANGE 改良款式2

### 装饰铆钉

只需在领口和下摆处装饰上几颗铆钉，感觉就完全不一样。

通过加热就可以粘合的铆钉，用热熔笔就可以轻松贴好。

中级

# C 插肩式T恤 改良款式3 加入绲边

照片 » p13

背面

侧面

## STEP 1. 在袖口加入绲边

1

裁剪袖子布料，在袖口处三折（参考p30），缝好。准备好装饰用的花边。

2

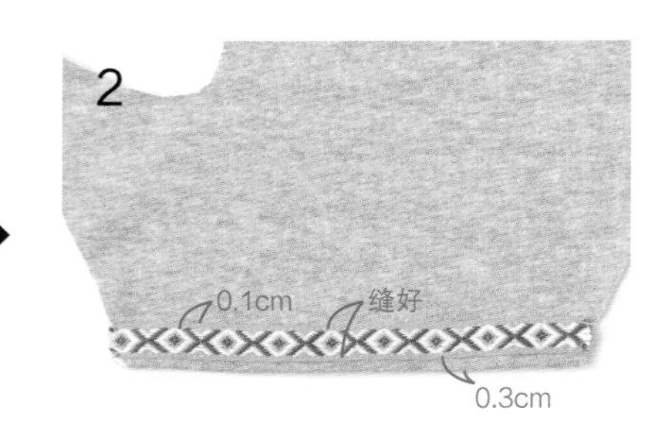


在距离袖口边缘0.3cm处，缝上花边。

## STEP 2. 在袖窿处绲边

1

把花边暂时固定在袖子前身片侧与后身片侧的正面缝份处。

2

前身片与后身片的侧边缝合后，与袖子正面朝内相对合拢，留出1cm的缝份，缝合。

3

一侧袖子拼接完成后如图所示。两侧的袖子都拼接完成后，将缝份倒向袖子一侧，缝上颈部罗纹口（参照p69）。

↓针织布料A…反毛针织布

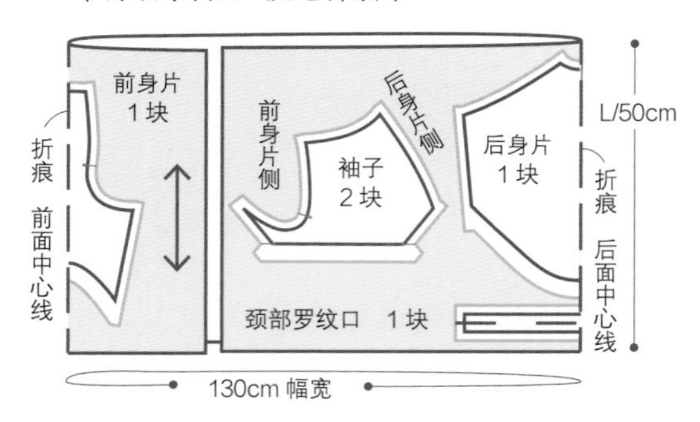


## [改良款式3]

**Data/意大利灵缇犬**
（照片:p13）
雄性 7岁9个月
躯干围…47.5cm
颈围…24.5cm
衣长…43cm
体重…7.8kg
图纸尺寸…L

**图纸调整要点**
无

我们去散步吧！

# RAGLAN

## 插肩式 T 恤

Advanced

- 高级 -

完美结合基本款的无袖背心、T 恤和插肩式 T 恤！
同时，挑战一下防水布料、蕾丝等难度较高的材料吧。
如果能充分运用制作笔记和设计贴士中的要点，
就可以做出具有明显个人风格的作品。
建议先建立素材库，
收集自己喜欢的素材（室内装饰、时尚照片等），
然后从里面仔细挑选出真正喜欢的元素。

制作方法 » p76

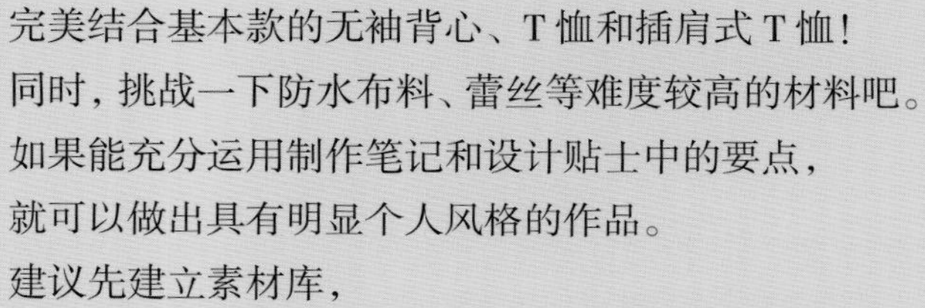

下雨天

高级

C 插肩式T恤 改良款式4 # 用防水布料制作雨衣

照片 » p75

背面

侧面

## STEP 1. 准备材料

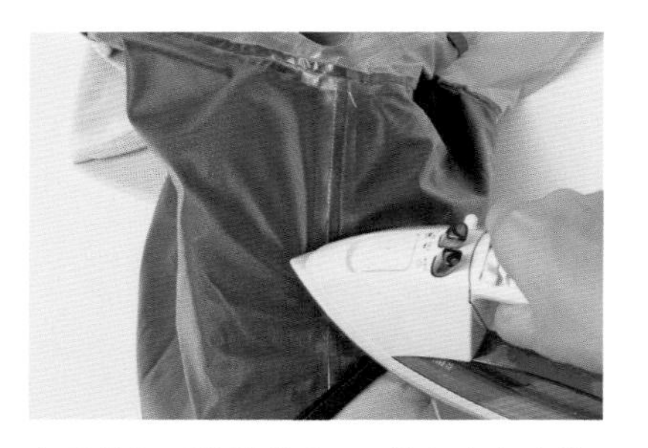

需准备防水布料、兜帽里布用的网格纱、遮挡车缝针脚的防水胶带。

## STEP 2. 贴防水胶带的方法

衣服做好后将缝份分开，粘上防水胶带，再垫上衬布，用熨斗熨烫粘合。

※ 防水布料用低温熨烫。

## STEP 3. 用网格纱做兜帽的里布

用网格纱做兜帽的里布，光滑透气，穿着舒适（兜帽的拼接方法参照 p64）。

## STEP 4. 装饰文字

使用防水的熨烫式转印薄布，用熨斗熨烫贴好。

※ 熨烫式转印薄布待冷却后再慢慢撕下来。

背面的文字转印完成后如图所示。

改良款式5 # 后领肩处拼布

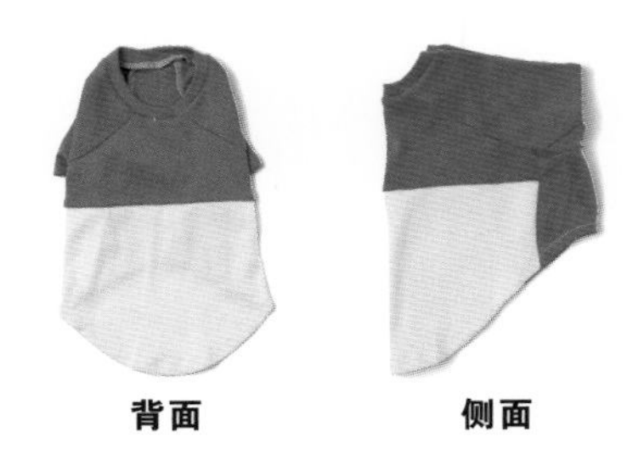


## 加入拼布的方法

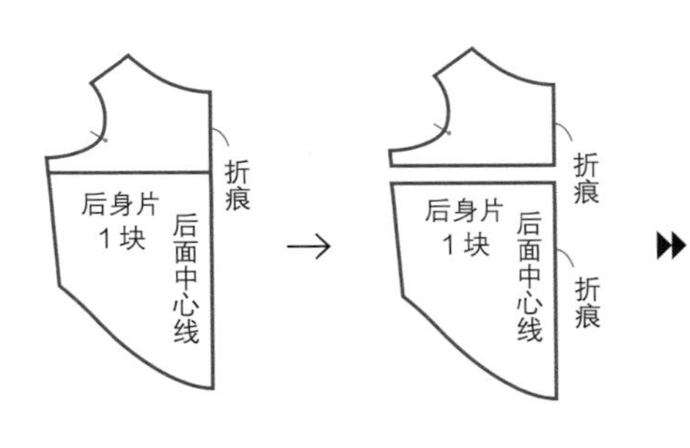


确定想要换成拼接布的部分，在图纸中画上线，再剪开。

后领肩、后身片各留出1cm的缝份，剪开。

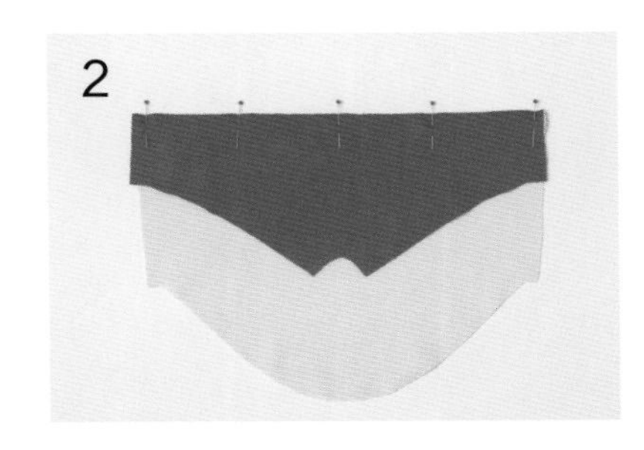


正面朝内相对合拢，用绷针固定。

在1cm的缝份处用锁边机缝好。

**与T恤拼布的要领相同**

这与在T恤后领肩处拼布的方法相同。后领肩和后身片分别留出1cm的缝份。

高级

C 插肩式T恤 改良款式6

# 使用蕾丝布料与荷叶边

背面

侧面

## STEP 1. 制作荷叶边

※ 参照 p63。

## STEP 2. 后身片与蕾丝重叠

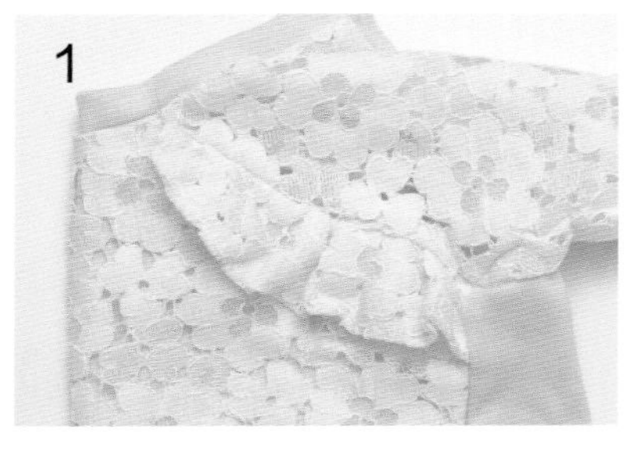


使用后身片所用的图纸，用蕾丝布料再制作一块后身片，然后将两块重叠。前身片只用一层针织布料，袖子只用蕾丝布料制作即可。
把袖子用的荷叶边做出褶皱，与在T恤上拼接袖子荷叶边一样，用袖子和衣身片夹住荷叶边，缝好（参照 p62）。

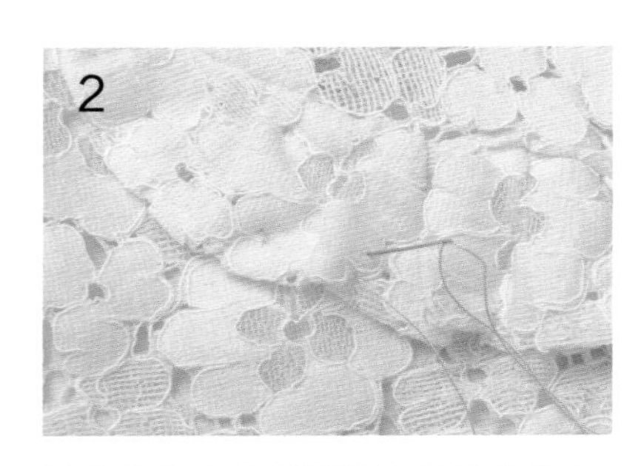


用手缝的方法将荷叶边缝到衣身上，固定。

## STEP 3. 下摆的两块荷叶边重叠

下摆的荷叶边由宽窄不同的两块荷叶边重叠而成。
按照拼接T恤下摆荷叶边的方法拼接（参照 p63）。

# 模特狗狗所用的图纸、调整要点和裁剪方法图

## [改良款式 4]

↓针织布料A…防水布料

折痕
前面中心线
兜帽表布 2块
前身片 1块
后身片 1块
60cm
折痕
后面中心线
130cm 幅宽

←袖子…防水布料

袖子 2块
前身片侧
50cm
50cm

折痕
兜帽里布 2块
40cm
130cm 幅宽

←兜帽…防水布料
兜帽里布…网格纱

**Data/柴犬**
（照片 :p75）
雄性 9 个月
躯干围…59cm
颈围…49cm
衣长…39cm
体重…12kg
图纸尺寸…3L

**图纸调整要点**
颈围加长 12cm，衣长缩短 11cm。

## [改良款式 5]

↓针织布料A…罗纹平织布

折痕
前面中心线
前身片 1块
后身片 1块
40cm
折痕
后面中心线
130cm 幅宽

↓针织布料B…罗纹平织布

后身片侧
前身片侧
袖子 2块
颈部罗纹束口 1块
领肩 1块
折痕
30cm
130cm 幅宽

**后领肩拼布的制作方法**

折痕
后面中心线
折痕
折痕
后面中心线

①确定想要换成拼布的部分，在图纸上画出线。

②在纸上绘制出各部分，剪开。

※ 尺寸为 S。其他尺寸请参照 p67 的成品尺寸表。

## [改良款式 6]

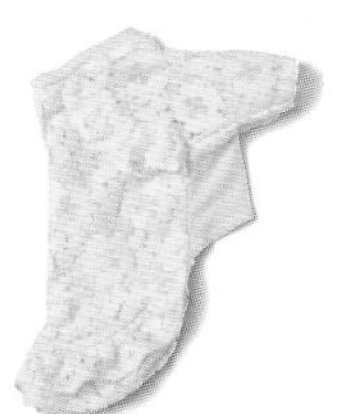

※ 后身片用蕾丝布料和针织布料两块重叠而成。这样可以防止狗狗的毛露出来。

※ 袖子用的蕾丝为原长度的 2/3。

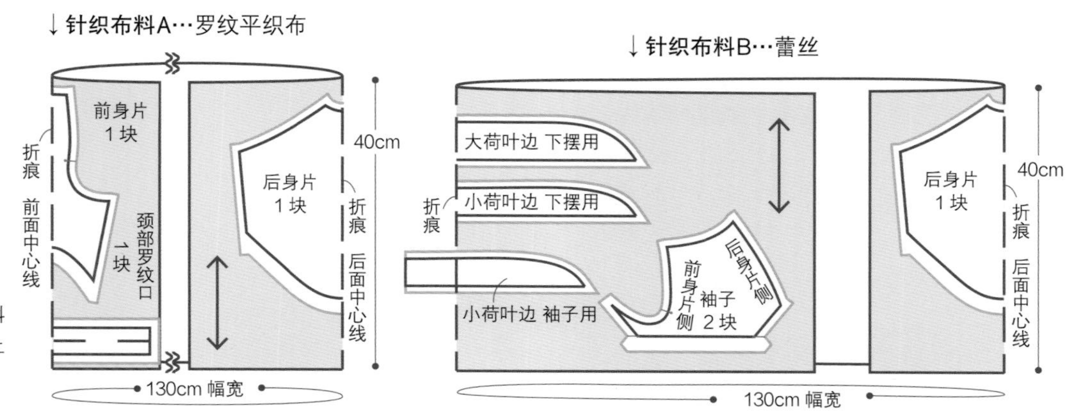


※ 尺寸为 S。其他尺寸请参照 p67 的成品尺寸表。

TITLE: ［いちばんやさしい手作りわんこ服］
BY: ［武田 斗環］


**图书在版编目（CIP）数据**

超简单的狗狗手作衣服 /（日）武田斗环著；何凝一译．-- 石家庄：河北科学技术出版社，2020.9
ISBN 978-7-5717-0515-2

Ⅰ．①超… Ⅱ．①武… ②何… Ⅲ．①犬—服装量裁
Ⅳ．① S829.2 ② TS941.631

中国版本图书馆 CIP 数据核字 (2020) 第 171003 号

**超简单的狗狗手作衣服**

［日］武田斗环 著　　何凝一 译

**策划制作**：北京书锦缘咨询有限公司
**总 策 划**：陈　庆
**策　　划**：宁月玲
**责任编辑**：刘建鑫
**设计制作**：柯秀翠

**出版发行** 河北科学技术出版社
**地　　址** 石家庄市友谊北大街 330 号（邮编：050061）
**印　　刷** 涞水建良印刷有限公司
**经　　销** 全国新华书店
**成品尺寸** 210mm × 260mm
**印　　张** 5
**字　　数** 108 千字
**版　　次** 2020 年 9 月第 1 版
2020 年 9 月第 1 次印刷
**定　　价** 49.80 元